职业教育
计算机
系列教材

数据分析与可视化

周士凯　徐　晨　李彦儒◎主　编
何　婕　李　永　张忠宇　王　强◎副主编
胡方霞　高　鸿◎主　审

同济大学出版社
TONGJI UNIVERSITY PRESS
·上海·

东软电子出版社

内 容 提 要

本书为基于职业院校课程要求编写而成的活页式教材,以理论与实践相结合的形式,系统讲解了 Excel、Tableau 和 ECharts 等数据可视化工具的实际应用。本书共有 5 个学习情境,包括用 Excel 处理全国主要城市年降水量、用 Tableau 分析国内用电量情况、对客服座席接听数据和家具电商数据进行可视化分析、用 ECharts 在网页中对我国 GDP 进行可视化分析,每个学习情境都设置了相应的习题,并附有 PPT 课件和代码数据等相关课程资源,帮助读者在实操中提升数据分析能力。

本书可作为职业院校大数据专业课程的教材,也可作为从事管理、销售等数据分析工作人员的参考用书。

图书在版编目(CIP)数据

数据分析与可视化/周士凯,徐晨,李彦儒主编. —上海:同济大学出版社,2023.4
ISBN 978-7-5765-0620-4

Ⅰ.①数… Ⅱ.①周…②徐…③李… Ⅲ.①可视化软件—统计分析 Ⅳ.①TP317.3

中国国家版本馆 CIP 数据核字(2023)第 001185 号

数据分析与可视化

周士凯　徐　晨　李彦儒　主　编
何　婕　李　永　张忠宇　王　强　副主编
胡方霞　高　鸿　主　审

责任编辑	任学敏
助理编辑	屈斯诗
责任校对	徐逢乔
封面设计	渲彩轩
出版发行	同济大学出版社　　www.tongjipress.com.cn
	(地址:上海市四平路1239号　邮编:200092　电话:021-65985622)
经　　销	全国各地新华书店
排　　版	南京文脉图文设计制作有限公司
印　　刷	常熟市大宏印刷有限公司
开　　本	787mm×1092mm　1/16
印　　张	13.25
字　　数	331 000
版　　次	2023 年 4 月第 1 版
印　　次	2023 年 4 月第 1 次印刷
书　　号	ISBN 978-7-5765-0620-4
定　　价	55.00 元

本书若有印装质量问题,请向本社发行部调换　　版权所有　侵权必究

本书系重庆工商职业学院首批国家级职业教育教师教学创新团队联合四川华迪信息技术有限公司、大连东软教育科技集团有限公司、重庆瀚海睿智大数据科技公司、四川川大智胜股份有限公司编写的基于工作过程系统化的大数据专业"活页式""工作手册式"系列教材之一。

配套PPT
课件及
代码数据

依托数字工场和省级"双师型"教师培养培训基地,由创新团队成员和企业工程师组成教材编写团队,目的是打造高素质"双师型"教师队伍,深化职业院校教师、教材、教法"三教"改革,探索产教融合、校企"双元"有效育人模式。本书以CDIO教学模式为指导,将数据分析与可视化的一般工作过程划分为若干个典型工作环节,每个工作任务都按照相同的过程和环节进行迭代,随着工作任务的由简入繁,让学生的学习也能随之由浅入深。

- 受众定位

本书既适合从事管理、销售等熟悉数据分析业务的人员学习,也适合数据分析相关的专业人士学习。真正可以达到让学习者"看得懂、学得会、用得上"的效果,本书提供所有学习情景相关的PPT、源程序和分析案例中用到的数据下载。

- 基本概况

本书使用Excel、Tableau等数据可视化工具,基于数据可视化分析的一般工作过程,围绕降水量分析、用电量分析、客服座席接听数据分析、家具电商销售数据分析等具体案例,通过"做中学"的方式,更加直观、快速、高效地讲解了数据可视化分析方法的操作过程和结果分析,并且注重引导学习者主动思考面对一个真实的工作任务,如何通过分析现有的数据,设计相匹配的可视化方案。本书内容获得数据可视化企业Tableau公司的认可和授权。案例的操作和学习内容也与Tableau国际数据可视化工程师的认证内容保持高度一致。因此,在熟练掌握本书内容之后,读者也相当于进行了Tableau相关级别的认证考试培训,可直接申请参加认证考试。

- 编写团队

本书主审由胡方霞(教授,重庆市优秀教师,省级教学名师,省级中青年骨干教师,国家级骨干专业带头人,国家级物联网与大数据协同创新中心负责人,省级教学团队负责人,省级教学成果奖主持人,省级精品资源共享课程负责人)、高鸿(辽宁省教科院副院长,辽宁省职业技术教育学会常务副会长,中国职业技术教育学会常务理事、学术委员,全国职业教育集团化办学专家组副组长,全国现代学徒制工作专家指导委员会委员)担任。周士凯负责整套教材的架构设计和学习情境二的编写,徐晨负责学习情境三和学习情境五的编写,何婕负责学习情境一的编写,李永负责学习情境四的编写,李彦儒负责学习情境六的编写,企业工程师张忠宇、王强负责项目案例的提供。

限于编者水平,书中可能存在疏漏与错误,欢迎各界专家和读者给予宝贵的建议,也感谢所有在本书编写过程中给予指导、帮助和鼓励的朋友。

编者
2023 年 2 月

前言

学习情境一　用 Excel 处理全国主要城市年降水量 ……………………………… 1
   1.1　任务 ……………………………………………………………………………… 2
   1.2　资讯 ……………………………………………………………………………… 3
   1.3　计划 ……………………………………………………………………………… 4
   1.4　决策 ……………………………………………………………………………… 5
   1.5　实施 ……………………………………………………………………………… 6
   1.6　检查 ……………………………………………………………………………… 13
   1.7　评价 ……………………………………………………………………………… 14
   1.8　课后习题 ………………………………………………………………………… 15

学习情境二　用 Tableau 分析国内用电量情况 …………………………………… 16
   2.1　任务 ……………………………………………………………………………… 17
   2.2　资讯 ……………………………………………………………………………… 18
   2.3　计划 ……………………………………………………………………………… 19
   2.4　决策 ……………………………………………………………………………… 20
   2.5　实施 ……………………………………………………………………………… 21
   2.6　检查 ……………………………………………………………………………… 45
   2.7　评价 ……………………………………………………………………………… 46
   2.8　课后习题 ………………………………………………………………………… 47

学习情境三　用 Tableau 对客服座席接听数据进行统计 ………………………… 48
   3.1　任务 ……………………………………………………………………………… 49
   3.2　资讯 ……………………………………………………………………………… 50
   3.3　计划 ……………………………………………………………………………… 51
   3.4　决策 ……………………………………………………………………………… 52
   3.5　实施 ……………………………………………………………………………… 53

  3.6 检查 …… 108
  3.7 评价 …… 109
  3.8 课后习题 …… 110

学习情境四 用 Tableau 对家具电商数据可视化分析 …… 111
  4.1 任务 …… 112
  4.2 资讯 …… 113
  4.3 计划 …… 114
  4.4 决策 …… 115
  4.5 实施 …… 116
  4.6 检查 …… 175
  4.7 评价 …… 176
  4.8 课后习题 …… 177

学习情境五 用 ECharts 在网页中分析 GDP 并制作可视化图形 …… 179
  5.1 任务 …… 179
  5.2 资讯 …… 182
  5.3 计划 …… 183
  5.4 决策 …… 184
  5.5 实施 …… 185
  5.6 检查 …… 198
  5.7 评价 …… 199
  5.8 课后习题 …… 200

参考文献 …… 202

基于工作过程总结

本教材基于工作过程进行编写,数据分析与可视化为学习场,每个学习情境就是一个具体的工作任务,每个工作任务都按照同样的工作过程进行,随着任务的由易到难,学习的内容相继由浅入深。数据分析与可视化操作的一般工作过程总结为:

1. 选择与连接数据源;
2. 分析数据源,制订可视计划(思考清楚如何展现数据,要用到哪些图表,要表达什么意思);
3. 制作可视化图形(制作单个的图形);
4. 整合多个图形,制作仪表板(多个图形组合);
5. 排列图形或图形组合出现的顺序,完成分析报告;
6. 保存与分享成果。

数据分析与可视化

学习情境一　用 Excel 处理全国主要城市年降水量

降水量(precipitation)是指从天空降落到地面上的液态或固态(经融化后)水,未经蒸发、渗透、流失,而在水平面上积聚的深度是衡量一个地区降水多少的数据。通常以毫米(mm)为单位,气象观测中取一位小数。1 毫米的降水量是指在一亩地(约 666.7 平方米)上面的降水量到达水深 1 毫米。了解一个地区的降水量,对认识该地区的气候,选择适宜的农作物都有很大的帮助。

本次任务的数据为 2018 年全国主要城市降水量表,指标为降水量,统计周期为 2018 年 1 月~2018 年 12 月,数据存储为 Excel 文件,如图 1-1 所示。

城市(毫米)	1月	2月	3月	4月	5月	6月	7月	8月	9月	10月	11月	12月
北京	0.2	0	11.6	63.6	64.1	125.3	79.3	132.1	118.9	31.1	0	0.1
天津	0.1	0.9	13.7	48.8	21.2	131.9	143.4	71.3	68.2	48.5	0	4.1
石家庄	8	0	22.1	47.9	31.5	97.1	129.2	238.6	116.4	16.6	0.2	0.1
太原	3.7	2.7	20.9	63.4	17.6	103.8	23.9	45.2	56.7	17.4	0	0
呼和浩特	6.5	2.9	20.3	11.5	7.9	137.4	165.5	132.7	54.9	24.7	6.7	0
沈阳	0	1	37.2	71	79.1	88.1	221.1	109.3	70	17.9	8.3	18.7
长春	0.2	0.5	32.5	22.3	62.1	152.5	199.8	150.5	63	17	14.1	2.3
哈尔滨	0	0	21.8	31.3	71.3	57.4	47.6	46.1	80.4	18	9.3	8.6
上海	90.9	32.3	30.1	55.5	84.5	300	105.8	113.5	109.3	56.7	81.6	26.3
南京	110.1	18.9	32.2	90	81.4	131.7	193.3	191	42.4	38.4	27.5	18.1
杭州	91.7	61.4	101.9	117.7	361	114.4	137.5	44.2	67.4	118.5	20.5	
合肥	89.8	12.6	37.3	59.4	72.5	203.8	162.3	177.7	5.6	50.4	28.3	10.5
福州	70.3	46.9	68.7	148.3	266.4	247.6	325.6	104.4	40.8	118.5	35.1	12.2
南昌	75.8	48.2	145.3	157.4	104.1	427.6	133.7	68	31	16.6	138.7	9.7
济南	6.8	5.9	13.1	53.5	61.6	27.2	254	186.7	73.9	18.6	3.4	0.4
郑州	17	2.5	2	90.8	59.4	24.6	309.7	58.5	64.4	13.3	12.9	3.1
武汉	72.4	20.7	79	54.3	344.2	129.4	148.1	240.7	40.8	92.5	39.1	5.6
长沙	96.4	53.8	159.9	101.8	110	116.4	215	143.9	146.7	55.8	243.9	9.5
广州	98	49.9	70.9	111.7	285.2	834.6	157.4	188.4	262.6	136.4	61.9	14.1
南宁	76.1	70	18.7	45.2	121.8	300.6	260.1	317.4	187.6	47.6	156	23.9
海口	35.5	27.7	13.6	53.9	193.5	227.3	164.7	346.7	337.5	901.2	20.9	68.9
重庆	16.2	42.7	43.8	75.1	69.1	254.4	55.1	108.4	54.1	154.3	59.8	29.7
成都	6.3	16.8	33	47	69.7	124	235.8	147.2	267	58.8	22.6	0
贵阳	15.7	13.5	68.1	62.1	156.9	89.9	275	364.2	98.9	106.1	103.3	17.2
昆明	13.6	12.7	15.7	14.4	94.5	133.5	281.5	203.4	75.4	49	82.7	5.4
拉萨	0.2	7.5	3.8	3.8	64.1	63	162.3	161.9	49.4	10.9	6.9	0
西安	19.1	7.5	21.7	55.6	22	59.8	83.7	87.3	83.1	73.1	12.3	0
兰州	9	2.8	4.6	22	28.1	30.4	49.9	72.1	61.5	23.5	1.4	0.1
西宁	2.6	2.7	7.7	32.2	48.4	60.9	41.6	99.7	62.9	19.7	0.2	0
银川	8.1	1.1	0	16.3	0.2	2.3	79.4	35.8	44.1	7.3	0	0
乌鲁木齐	3	11.6	17.8	21.7	15.8	8.9	20.9	17.1	16.8	12.8	12.8	12.6

图 1-1　全国主要城市降水量

1.1 任务

本次工作任务是,根据图 1-1 的数据进行数据可视化,并对可视化结果进行简单的分析。请同学们以小组的形式进行讨论,要求每个小组理解任务,完成如表 1-1 所示的工作任务单,思考在这个数据可视化任务中,要展现哪些内容,这些内容组合起来,能表达什么样的主题。

表 1-1　　　　　　　　　　　任务单

学习场	
学习情境	
学习任务	学时
典型工作过程描述	
学习目标	
任务描述	
学时安排	资讯__学时　计划__学时　决策__学时　实施__学时　检查__学时　评价__学时
对学生的要求	
参考资料	

1.2 资讯

为完成以上任务,请每个小组收集相关资讯,完成如表 1-2 所示的资讯单,建议使用 Excel 软件来完成本次任务。

Excel 是微软办公套装软件的一个重要组成部分,它可以进行各种数据的处理、统计分析、数据可视化显示及辅助决策操作,广泛地应用于管理、统计、财经、金融等众多领域。

可以利用 Excel 的可视化规则实现数据的可视化展示,如制作折线图等多种样式。

表 1-2　　　　　　　　　　　　　资讯单

学习场	
学习情境	
学习任务	学时
典型工作过程描述	
搜集资讯的方式	
资讯描述	
对学生的要求	
参考资料	

1.3 计划

虽然本次工作任务内容比较简单,但如何将数据用图形进行展示,请同学们制订相应的工作计划,填写计划单,如表 1-3 所示。

表 1-3　　　　　　　　　　　　　计划单

学习场	
学习情境	
学习任务	学时
典型工作过程描述	
计划制订的方式	

序号	工作步骤	注意事项

计划评价	班级		第___组	
	教师签字		日期	
	评语:			

1.4 决策

请每组同学针对本组制订的计划进行评估,最终决定本次任务流程并填写决策单,如表 1-4 所示。

表 1-4　　　　　　　　　　　　　　　决策单

学习场					
学习情境					
学习任务				学时	
典型工作过程描述					
计划对比					
序号	计划的可行性	计划的经济性	计划的可操作性	计划的实施难度	综合评价
决策评价	班级		第___组	组长签字	
	教师签字		日期		
	评语:				

1.5 实施

本节是提供给大家参考的工作环节的流程,每组同学可以根据自己小组的情况进行参考,最终完成本组的工作任务,并填写实施单,如表 1-5 所示。最终结果不必与参考的工作环节内容保持完全一致,选择本组最喜欢的方式来表达分析结果即可。

表 1-5　　　　　　　　　　　　　　实施单

学习场				
学习情境				
学习任务			学时	
典型工作过程描述				
序号	实施步骤		注意事项	
实施说明:				
实施评价	班级		第__组	组长签字	
	教师签字		日期		
	评语:				

1.5.1 工作环节一：选择数据

双击"Microsoft Excel"软件，打开"中国主要城市降水量"文件，在这个表中可以看到31个城市全年降水量的数据。打开效果如图1-1所示。

1.5.2 工作环节二：分析数据源制订可视计划

从打开的数据文件中可以看到多个城市全年各月降水的数据，但是密密麻麻的数据并不能直观地反映降水量的变化规律，也不利于进行分析。结合实际应用中的需要，可以考虑作以下可视化处理：

（1）汇总每个城市全年降水量并进行排名。

（2）对降水量数据不同的数值用不同的颜色进行体现，显得更加直观。

（3）显示每个城市每月降水量的柱状图，可以看出每个城市降水的全年变化趋势（也可以考虑用折线图来展示）。

1.5.3 工作环节三：制作可视化图形

1. 汇总每个城市全年降水量并排名

首先，在"合计降水量"列用自动求和公式计算每个城市12个月的降水量之和，如图1-2所示。

城市(毫米)	1月	2月	3月	4月	5月	6月	7月	8月	9月	10月	11月	12月	合计降水量
北京	0.2	0	11.6	63.6	64.1	125.3	79.3	132.1	118.9	31.1	0	0.1	626.3
天津	0.1	0.9	13.7	48.8	21.2	131.9	143.4	71.3	68.2	48.5	0	4.1	552.1
石家庄	8	0	22.1	47.9	31.5	97.1	129.2	238.6	116.4	16.6	0.2	0.1	707.7
太原	3.7	2.7	20.9	63.4	17.6	103.8	23.9	45.2	58.7	17.4	0	0	355.3
呼和浩特	6.5	2.9	20.3	11.5	7.9	137.4	165.5	132.7	54.9	24.7	6.7	0	571
沈阳	0	1	37.2	71	79.1	88.1	221.1	109.3	70	17.9	8.3	18.7	721.7
长春	0.2	0.5	32.5	22.3	62.1	152.5	199.8	150.5	63	17	14.1	2.3	716.8
哈尔滨	0	0	21.8	31.3	71.3	57.4	94.8	46.1	80.4	18	9.3	8.6	439
上海	90.9	32.3	30.1	55.5	84.5	300	105.8	113.5	109.3	56.7	81.6	26.3	1086.5
南京	110.1	16.9	32.2	90	81.4	131.7	193.3	191	42.4	38.4	27.5	18.1	975
杭州	91.7	61.4	37.7	101.9	117.7	361	114.4	137.5	44.2	67.4	118.5	20.5	1273.9
合肥	89.8	12.6	37.3	59.4	72.5	203.8	162.3	177.7	5	50.4	28.3	10.5	910.2
福州	70.3	46.9	88.7	148.3	266.4	247.6	325.6	104.4	40.8	118.5	35.1	12.2	1484.8
南昌	75.8	48.2	145.3	157.4	104.1	427.6	133.7	68	31	16.6	138.7	9.7	1356.1
济南	6.8	5.9	13.1	53.5	51.6	27.2	254	186.7	73.9	16.8	3.4	0.4	705.1
郑州	17	2.5	2	90.8	59.4	24.6	309.7	58.5	64.4	13.3	12.9	3.1	658.2
武汉	72.4	20.7	79	54.3	344.2	129.4	148.1	240.7	40.8	92.5	39.1	5.6	1266.8
长沙	96.4	53.8	159.9	101.6	110	116.4	215	143.9	146.7	55.8	243.9	9.5	1452.9
广州	98	49.9	70.9	111.7	285.2	834.6	170.3	188.4	262.6	138.4	61.9	14.1	2284
南宁	76.1	70	18.7	45.2	121.8	300.6	260.1	317.4	187.6	47.6	156	23.9	1625
海口	35.5	27.7	13.6	53.9	193.3	227.2	164.7	346.7	337.5	901.2	20.9	68.9	2391.2
重庆	16.2	42.7	43.8	75.1	69.1	254.4	55.1	108.4	54.1	154.3	59.8	29.7	962.7
成都	6.3	16.8	33	47	69.7	124	235.8	147.2	267	58.8	22.6	0	1028.2
贵阳	15.7	13.5	68.1	62.1	156.9	89.9	275	384.2	98.9	106.1	103.3	17.2	1370.9
昆明	13.6	12.7	15.7	14.4	94.5	133.5	281.5	203.4	75.4	49.4	82.7	5.4	982.2
拉萨	0.2	7.5	3.8	3.8	64.1	63	162.3	181.9	49.4	10.9	6.9	0	533.8
西安	19.1	7.5	21.7	55.6	22	74.9	87.3	83.1	73.1	12.2	67.9	1.6	525.2
兰州	9	2.8	4.6	22	28.1	30.4	49.9	72.1	61.5	23.5	1.4	0.1	305.4
西宁	2.6	2.7	7.7	32.2	48.4	60.9	41.6	99.7	62.9	19.7	0.2	0	378.6
银川	8.1	1.1	0	16.3	0	2.3	79.4	35.8	44.1	7.3	0	0	194.6
乌鲁木齐	3	11.6	17.8	21.7	15.8	8.9	20.9	17.1	15.8	12.8	12.6	12.8	171.8

图1-2 计算合计降水量

在"排序"列使用函数RANK(N2,＄N＄2：＄N＄32,0)计算各城市12个月降水量之和的排名，如图1-3所示。

选中"合计降水量"字段，在"开始"菜单中找到"条件格式"，在"数据条"选项中选择"（渐变填充）蓝色数据条"，如图1-4所示。

	A	B	C	D	E	F	G	H	I	J	K	L	M	N	O
1	城市（毫米）	1月	2月	3月	4月	5月	6月	7月	8月	9月	10月	11月	12月	合计降水量	排名
2	北京	0.2	0	11.6	63.6	64.1	125.3	79.3	132.1	118.9	31.1	0	0.1	626.3	21
3	天津	0.1	0.9	13.7	48.6	21.2	131.9	143.4	71.3	68.2	48.5	0	4.1	552.1	23
4	石家庄	8	0	22.1	47.9	31.5	97.1	129.2	238.6	116.4	16.6	0.2	0.1	707.7	18
5	太原	3.7	2.7	20.9	63.4	17.6	103.8	23.9	45.2	56.7	17.4	0	0	355.3	28
6	呼和浩特	6.5	2.9	20.3	11.5	7.9	137.4	165.5	132.7	54.9	24.7	6.7	0	571	22
7	沈阳	0	1	37.2	71	79.1	88.1	221.1	109.3	70	17.9	8.3	18.7	721.7	16
8	长春	0.2	0.5	32.5	22.3	62.1	152.5	199.8	150.5	63	17	14.1	2.3	716.8	17
9	哈尔滨	0	0	21.8	31.3	71.3	57.4	94.8	80.4	18	9.3	8.6	49	439	26
10	上海	90.9	32.3	30.1	55.5	84.5	300	105.8	113.5	109.3	56.7	81.6	26.3	1086.5	10
11	南京	110.1	18.9	90	43.2	91.7	131.7	193.3	191	42.4	38.4	27.5	18.1	975	13
12	杭州	91.7	61.4	37.7	101.9	117.7	361	114.4	137.5	44.2	67.4	118.5	20.5	1273.9	8
13	合肥	89.8	12.6	37.3	59.4	72.5	203.8	182.3	177.7	5.6	50.4	28.3	10.5	910.2	15
14	福州	70.3	46.7	148.3	266.4	247.6	325.6	10.4	40.8	118.5	35.1	12.2	1484.8		4
15	南昌	75.8	48.2	145.3	157.4	104.1	427.6	133.7	68	31	16.6	138.7	9.7	1356.1	7
16	济南	6.8	5.9	13.1	53.5	61.6	27.2	254	186.7	73.9	18.6	3.4	0.4	705.1	19
17	郑州	17	2.5	2	90.8	59.4	24.6	309.7	58.5	64.4	13.3	12.9	3.1	658.2	20
18	武汉	72.4	20.7	79	54.3	344.2	129.4	148.1	240.7	40.8	92.5	39.1	5.6	1266.8	9
19	长沙	96.4	53.8	159.9	101.6	110	116.4	215	143.9	146.7	55.8	243.9	9.5	1452.9	5
20	广州	98	49.9	70.9	111.7	285.2	834.6	170.3	166.4	262.6	136.4	61.9	14.1	2284	2
21	南宁	76.1	70	18.7	45.2	121.8	300.6	280.1	317.4	187.6	47.6	156	23.9	1625	3
22	海口	35.5	27.7	13.6	53.9	193.3	227.3	164.7	346.7	337.5	901.2	20.9	68.9	2391.2	1
23	重庆	16.2	42.7	43.8	75.1	69.1	254.4	55.1	108.4	54.1	154.3	59.8	29.7	962.7	14
24	成都	6.3	16.8	33	47	69.7	124	235.8	147.2	267	58.6	22.6	0	1028.2	11
25	贵阳	15.7	13.5	68.1	62.1	156.9	89.9	275	364.2	98.9	106.1	103.3	17.2	1370.9	6
26	昆明	13.6	12.7	15.7	14.4	94.5	133.5	281.5	207.4	75.4	49.4	82.7	5.4	982.2	12
27	拉萨	0.2	7.5	3.8	3.8	64.1	63	162.3	161.9	49.4	10.9	6.9	0	533.8	24
28	西安	19.1	7.5	21.7	55.6	22	59.8	83.7	83.1	73.1	12.3	0	525.2		25
29	兰州	9	2.8	4.6	22	28.1	30.4	49.9	72.1	61.5	23.5	1.4	0.1	305.4	29
30	西宁	2.6	2.7	7.7	32.2	48.4	60.9	41.6	99.7	62.9	19.7	0.2	0	378.6	27
31	银川	8.1	1.1	0	16.3	0.2	2.3	79.4	35.7	44.1	7.3	0	0	194.6	30
32	乌鲁木齐	3	11.6	17.8	21.7	15.8	8.9	20.9	17.1	16.8	12.6	12.8	12.6	171.8	31

图 1-3　按合计降水量排名

城市（毫米）	合计降水量
beijing 北京	626.3
tianjin 天津	552.1
shijiazhuang 石家庄	707.7
taiyuan 太原	355.3
huhehaote 呼和浩特	571
shenyang 沈阳	721.7
changchun 长春	716.8
haerbin 哈尔滨	439
shanghai 上海	1086.5
nanjing 南京	975
hangzhou 杭州	1273.9
hefei 合肥	910.2
fuzhou 福州	1484.8
nanchang 南昌	1356.1
jinan 济南	705.1
zhengzhou 郑州	658.2
wuhan 武汉	1266.8
changsha 长沙	1452.9
guangzhou 广州	2284
nanning 南宁	1625
haikou 海口	2391.2
chongqing 重庆	962.7
chengdu 成都	1028.2
guiyang 贵阳	1370.9
kunming 昆明	982.2
lasa 拉萨	533.8
xian 西安	525.2
lanzhou 兰州	305.4
xining 西宁	378.6
yinchuan 银川	194.6
wulumuqi 乌鲁木齐	171.8

图 1-4　合计降水量

选中"城市(毫米)"和"合计降水量"列,在"插入"菜单中选择"带数据标记的折线图"。在图中可以看到,降水量最高的城市是"海口",最低的是"乌鲁木齐"。这和用公式计算的降水量的排名,以及降水量数据条是一致的,如图1-5所示。

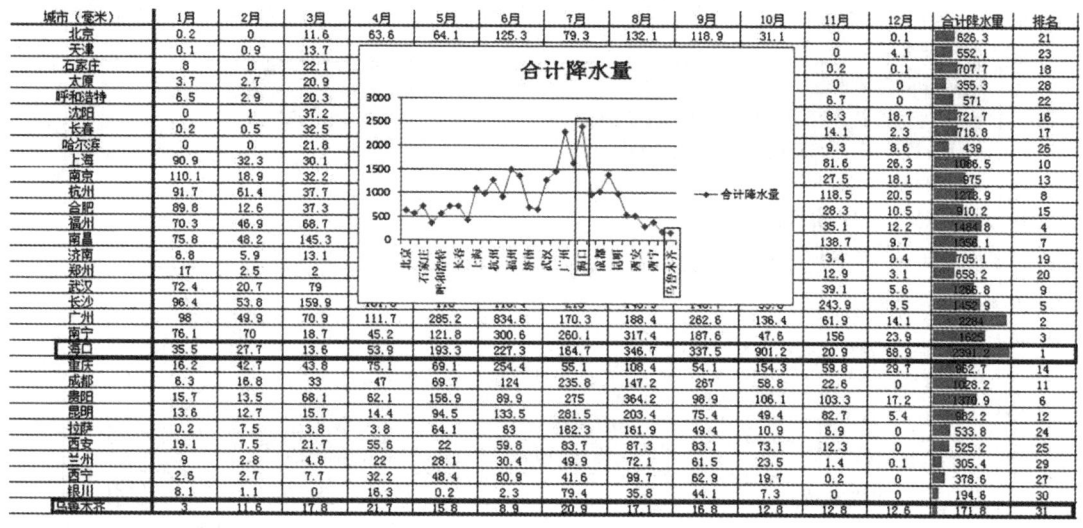

图 1-5　合计降水量排名

2. 对降水量数据不同的数值用不同的颜色进行体现

设置数据的最低值和最高值,选中 B2:M32 单元格,为其添加条件格式。在"新建格式规则"窗口中选择"三色刻度",如图1-6所示。

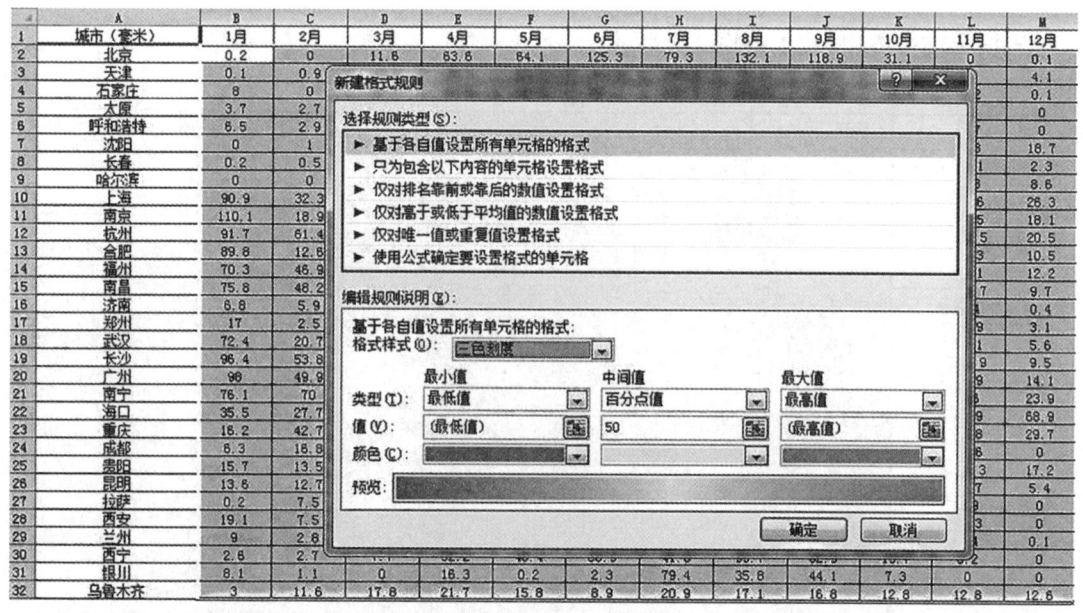

图 1-6　三色刻度选项

将其最小值类型选择"最低值",颜色为橙色;中间值类型为"百分点值",数值为50,颜色为绿色;最大值类型为"最高值",颜色为红色,如图1-7所示。

图 1-7　三色刻度设置

点击"确定"按钮,效果如图1-8所示。

图 1-8　设置三色刻度后的效果

设置迷你图呈现每个城市全年降水量，选中 P2 单元格，在"插入"菜单中选择"迷你柱形图"，数据范围选择"B2：M2"，为其标记高点位置为"红色"，如图 1-9、图 1-10 所示。

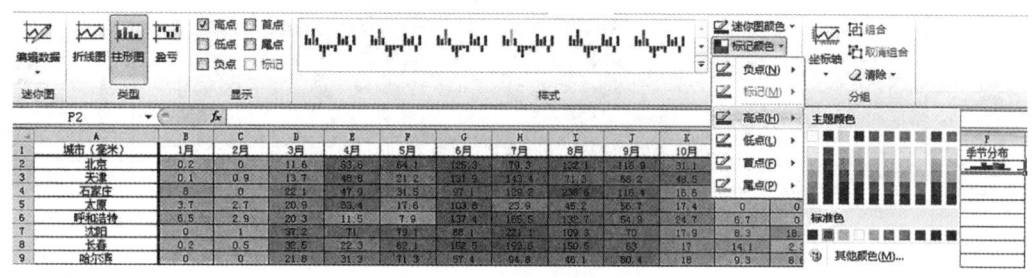

图 1-9　选择数据

图 1-10　选择柱状图

以"广州"为例，从数据单元格中可以看到 6 月的降水量最多，从迷你图也可以看出广州的降水量最多的月份是 6 月，如图 1-11 所示。

图 1-11　数据与柱状图对比

设置隐藏数据，为了更好地呈现图表的状态，我们将"B2：N32"中数据进行隐藏。选中单元格，右键选择"设置单元格格式"，在自定义的类型中输入三个分号";;;"，如图 1-12 所示。

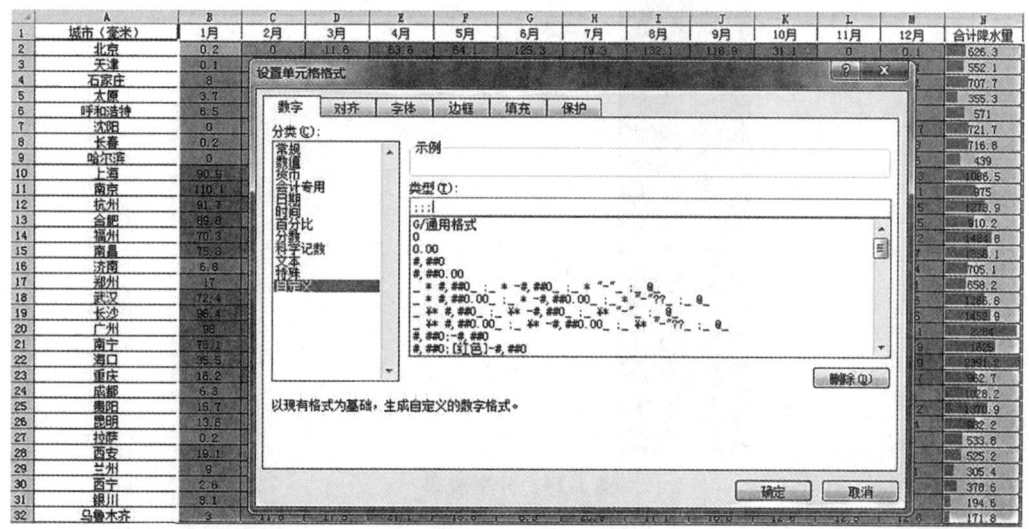

图 1-12　设置隐藏数据

点击"确定"按钮,这样就将数据隐藏了,如图 1-13 所示。

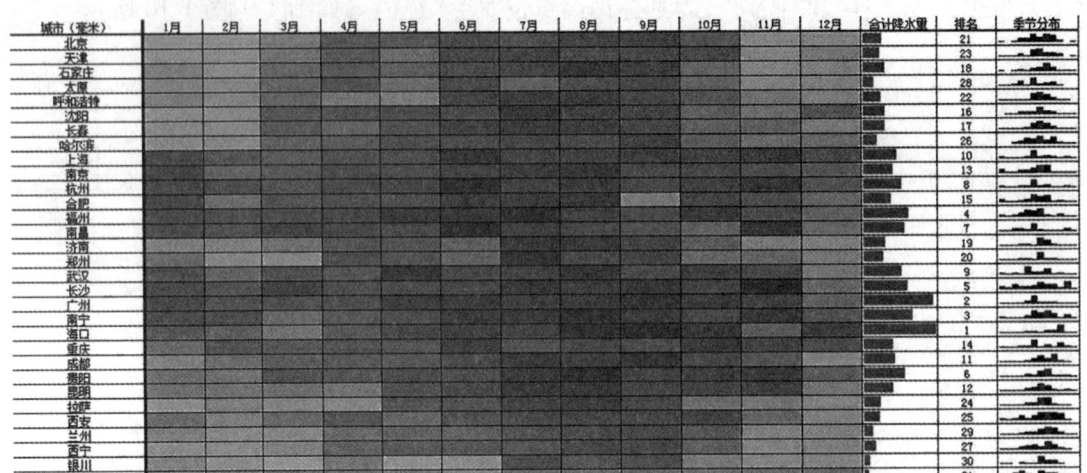

图 1-13　隐藏数据后的效果

1.5.4　工作环节四：保存与分享成果

由于本次任务只涉及一张可视化图形,所以不用考虑多个图形的组合成"仪表盘",也不用考虑多个图形和"仪表盘"按顺序出现组成"故事",因此直接在 Excel 中把制作好的内容导出成 PDF 即可,如图 1-14 所示,在菜单栏中选择"文件"→"导出"。

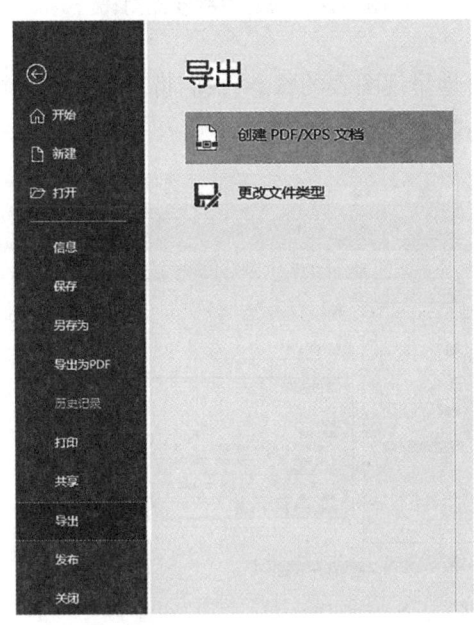

图 1-14　分享成果

1.6 检查

在完成了前面的工作后,需要对工作做一个全面的检查,完成相应的检查工作,最终提交工作成果,填写检查单,如表 1-6 所示。

表 1-6　　　　　　　　　　　　　　　检查单

学习场	
学习情境	
学习任务	学时
典型工作过程描述	

序号	检查项目	检查标准	学生自查	教师检查

检查评价	班级		第___组	组长签字	
	教师签字		日期		
	评语:				

1.7 评价

按照表 1-7 的样式对每组的任务完成过程进行评价。

表 1-7　　　　　　　　　　　　　评价单

学习场					
学习情境					
学习任务				学时	
典型工作过程描述					
评价项目	评价子项目		学生自评	组内评价	教师评价
	1.资讯____分;2.计划____分; 3.决策____分;4.实施____分; 5.检查____分;6.评价____分。				
	1.资讯____分;2.计划____分; 3.决策____分;4.实施____分; 5.检查____分;6.评价____分。				
	1.资讯____分;2.计划____分; 3.决策____分;4.实施____分; 5.检查____分;6.评价____分。				
	1.资讯____分;2.计划____分; 3.决策____分;4.实施____分; 5.检查____分;6.评价____分。				
评价的评价	班级		第___组		组长签字
	教师签字		日期		
	评语:				

1.8 课后习题

1. Excel 是微软办公套装软件的一个重要组成部分，它可以进行各种数据的处理、统计分析、_____及辅助决策操作。
2. Excel 可以广泛地应用于_____、_____、财经、金融等众多领域。
3. Excel 中对选中单元格的数据进行数据隐藏，操作步骤为：(1)右键选择"设置单元格格式"；(2)在自定义的类型中输入_____。

学习情境二 用 Tableau 分析国内用电量情况

数据分析与可视化

近年来,社会各界对电力消费与经济发展的协调性越来越关注。长期的统计结果表明:用电量与经济增长之间有密切关系,从用电量增长率、工业增长率、GDP 增长率看,电力消费与经济增长呈正相关关系,两者长期趋势基本一致。因此,可以通过分析用电情况来了解全国各地区的经济发展概况。

本情境采用的数据为 2014 年部分省、市、自治区用电量明细表,如图 2-1 所示,指标为用电量,统计周期为 2014 年 1 月~2014 年 6 月,数据存储为 Excel 文件。共有 6 列变量,用电类别是对用电量市场的进一步细分,包括大工业、居民、非居民、商业等 9 类;当期值为统计周期对应时间的用电量;同期值为上一年相同月份的用电量;月度计划值为当月的计划值;累计值是年初用电量到现在这个月的总和;同期累计值是与当年相对比的以前年度同样期间的数据总和。

省.市.自治区	地市	统计周期	用电类别	当期值	累计值	同期值	同期累计值	月度计划值
安徽		2014年1月	非居民	6283.60	6283.60	7414.65	7414.65	8168.68
安徽		2014年1月	非普工业	8159.32	8159.32	9628.00	9628.00	10607.12
安徽		2014年1月	居民	16845.20	16845.20	19877.34	19877.34	21898.76
安徽		2014年1月	农业	2214.41	2214.41	2613.00	2613.00	2878.73
安徽		2014年1月	其他	1753.48	1753.48	2069.11	2069.11	2279.52
安徽		2014年1月	商业	5549.77	5549.77	6548.73	6548.73	7214.70
北京	昌平	2014/5/1	大工业	2181.30	870.29	2573.93	12869.67	1131.37
北京	昌平	2014/5/1	非居民	1703.19	392.21	2009.77	10048.84	509.88
北京	昌平	2014/5/1	非普工业	1853.54	542.57	2187.18	10935.91	705.34
北京	昌平	2014/5/1	居民	2342.19	1031.21	2763.79	13818.94	1340.58
北京	昌平	2014/5/1	农业	1579.96	268.93	1864.35	9321.76	349.61
北京	昌平	2014/5/1	商业	1883.47	572.50	2222.49	11112.45	744.25
北京	朝阳(京)	2014/5/1	大工业	2227.87	916.86	2628.88	13144.42	1191.91
北京	朝阳(京)	2014/5/1	非居民	2098.40	787.43	2476.11	12380.53	1023.66
北京	朝阳(京)	2014/5/1	非普工业	2179.70	868.71	2572.04	12860.20	1129.33
北京	朝阳(京)	2014/5/1	居民	3863.79	2552.79	4559.27	22796.35	3318.62
北京	朝阳(京)	2014/5/1	农业	1479.32	168.29	1745.60	8727.99	218.77
北京	朝阳(京)	2014/5/1	商业	4425.67	3114.64	5222.29	26111.47	4049.04
北京	城区	2014/5/1	大工业	1521.35	210.36	1795.19	8975.94	273.46
北京	城区	2014/5/1	非居民	2288.25	977.21	2700.13	13500.67	1270.38
北京	城区	2014/5/1	非普工业	1917.23	606.21	2262.33	11311.65	788.08
北京	城区	2014/5/1	居民	2576.33	1265.36	3040.06	15200.32	1644.96
北京	城区	2014/5/1	商业	3453.29	2142.29	4074.88	20374.38	2784.97
北京	大兴	2014/5/1	大工业	2220.23	909.21	2619.87	13099.33	1181.98
北京	大兴	2014/5/1	非居民	1652.32	341.36	1949.74	9748.70	443.76
北京	大兴	2014/5/1	非普工业	1853.85	542.86	2187.55	10937.73	705.71
北京	大兴	2014/5/1	居民	2056.36	745.36	2426.51	12132.53	968.96
北京	大兴	2014/5/1	农业	1608.47	297.50	1897.99	9489.96	386.75
北京	大兴	2014/5/1	商业	1746.96	435.93	2061.42	10307.09	566.71
北京	房山	2014/5/1	大工业	2318.80	1007.79	2736.18	13680.89	1310.12
北京	房山	2014/5/1	非居民	1571.65	260.64	1854.55	9272.74	338.84

图 2-1 部分省、市、自治区用电量明细表

2.1 任务

本次工作任务是,根据图 2-1 的数据和应用场景对数据进行分析,并思考如何进行可视化展示。请同学们以小组的形式进行讨论,要求每个小组理解任务,完成如表 2-1 所示的工作任务单,思考在这个数据可视化任务中,要展现哪些内容,这些内容组合起来,能表达什么样的主题。

表 2-1　　　　　　　　　　　　　　　任务单

学习场						
学习情境						
学习任务				学时		
典型工作过程描述						
学习目标						
任务描述						
学时安排	资讯__学时	计划__学时	决策__学时	实施__学时	检查__学时	评价__学时
对学生的要求						
参考资料						

2.2 资讯

为完成以上任务,请每个小组收集相关资讯,填写如表 2-2 所示的资讯单,建议通过数据可视化软件 Tableau 来完成本次任务。

表 2-2　　　　　　　　　　　　　　资讯单

学习场	
学习情境	
学习任务	学时
典型工作过程描述	
搜集资讯的方式	
资讯描述	
对学生的要求	
参考资料	

2.3 计划

请每组同学根据收集的资讯,针对本次工作任务,制订相应的工作计划,填写如表 2-3 所示的计划单。

表 2-3　　　　　　　　　　　　　　计划单

学习场				
学习情境				
学习任务		学时		
典型工作过程描述				
计划制订的方式				
序号	工作步骤		注意事项	
计划评价	班级		第___组	
	教师签字		日期	
	评语:			

2.4 决策

请每组同学针对本组制订的计划进行评估,最终决定一个流程并填写如表 2-4 所示的决策单。

表 2-4 决策单

学习场				
学习情境				
学习任务			学时	
典型工作过程描述				
计划对比					
序号	计划的可行性	计划的经济性	计划的可操作性	计划的实施难度	综合评价
决策评价	班级		第___组	组长签字	
	教师签字		日期		
	评语:				

2.5 实施

以下是提供给大家参考的工作环节的流程,每组同学可以根据自己小组的情况进行参考,最终完成本组的工作任务。最终结果不必与参考的工作环节内容保持完全一致,选择本组认为最合适的方式来表达分析结果即可,在工作过程中填写如表 2-5 所示的实施单。

表 2-5　　　　　　　　　　　　实施单

学习场				
学习情境				
学习任务			学时	
典型工作过程描述				
序号	实施步骤		注意事项	
实施说明:				
实施评价	班级		第___组	组长签字
	教师签字		日期	
	评语:			

2.5.1 工作环节一：选择数据源并进行连接

本次工作任务中用到的数据源是一个 Excel 文件，Tableau 连接 Excel 的具体操作步骤如下。

（1）打开 Tableau 软件，在初始连接界面点击"Excel"，界面如图 2-2 所示。

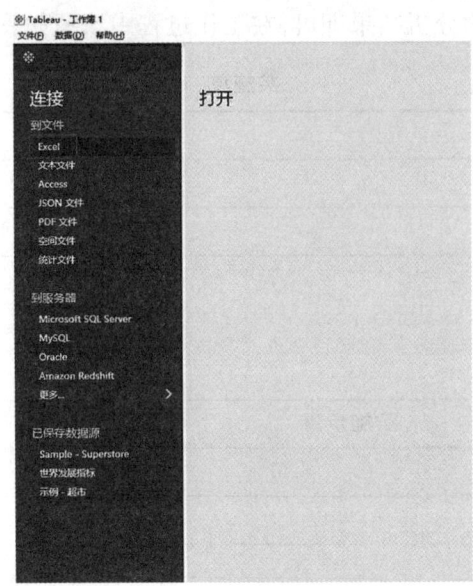

图 2-2　连接数据源

（2）在数据所在文件夹中选取如图 2-3 所示的数据文件。

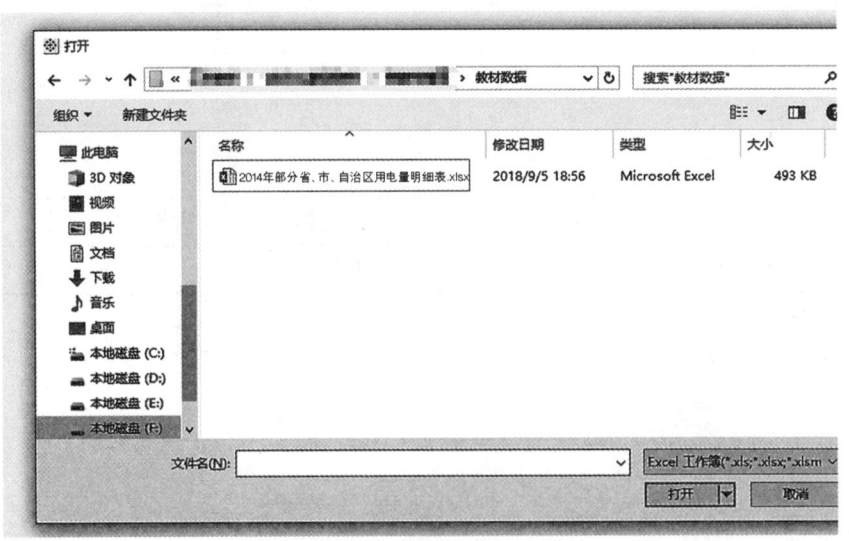

图 2-3　选择用电量数据文件

（3）打开后即可见到数据已被导入 Tableau 数据源,点击"工作表 1"进入工作表界面,如图 2-4 所示。

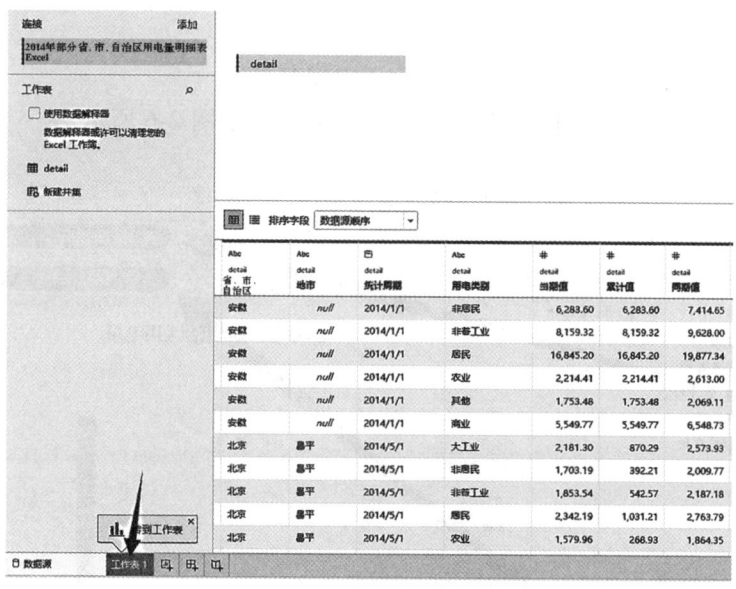

图 2-4　打开数据后的工作界面

2.5.2　工作环节二：分析数据源制订可视计划

在任务描述中,已明确本案例要通过用电数据的分析,简单了解国内部分省、市、自治区相关产业的发展情况。首先看到,数据导入后,会自动生成维度:【度量名称】及度量:【度量值】。具体来说,维度就是从哪几个角度进行比较,度量就是这几个角度比较的结果,比如此学习情境中可以从各省、市、自治区的维度来比较它们用电的同期值（度量）。创建地理角色后,会自动生成【纬度】与【经度】两个度量,如图 2-5 所示。

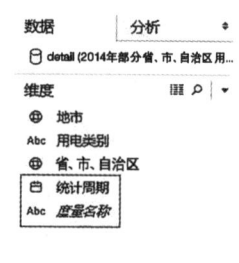

根据分析目标,可以考虑生成以下几个图形：

（1）对已有数据表中各省、市、自治区的用电数据分别生成条形图,并按用电量由高到低排序。

（2）对已有数据表中各省、市、自治区农业、工业、商业的用电情况生成圆形图,分析各产业对应的用电情况。

（3）对已有数据表中各省、市、自治区的用电数据生成国内用电量地图显示,分析部分地区的用电情况。

（4）按月制作用电量的折线图,然后生成动态页面,动态展示时间与用电量的关系。

然后,就可以开始制作可视化图形。

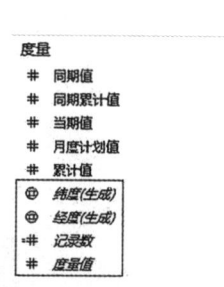

图 2-5　数据的经度和纬度

2.5.3 工作环节三:分别制作多个可视化图形

1. 制作已有数据表中各省、市、自治区用电量条形图

(1)将【省、市、自治区】、【当期值】分别拖入列、行,如图2-6所示。

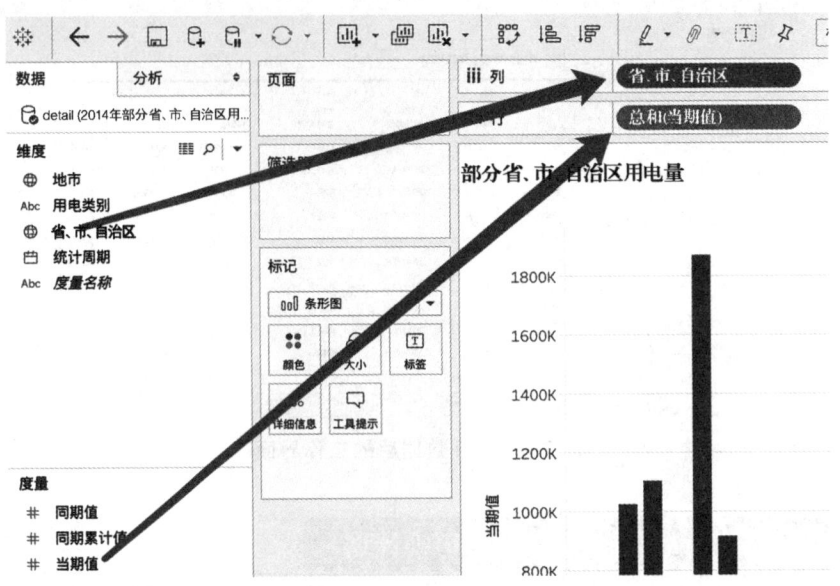

图2-6 指定行、列

具体效果如图2-7所示。

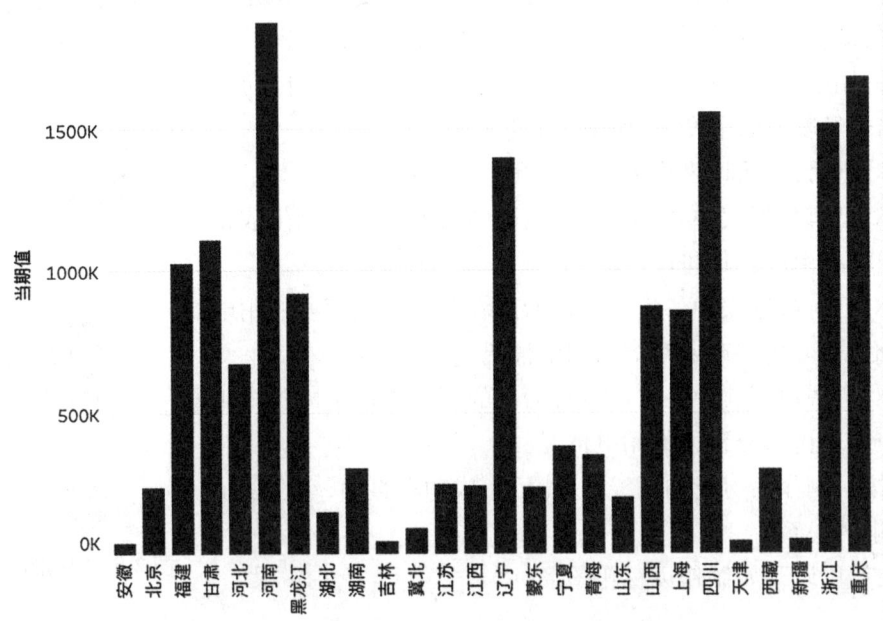

图2-7 最终效果图

（2）如需改变度量方式，点击【度量（总计）】，可将"总计"改为"平均值"，如图 2-8 所示。得到部分省、市、自治区用电量当期值的月度平均值条形图，如图 2-9 所示。

（3）将条形图的柱体按照降序排列，如图 2-10 所示，点击工具栏的降序图标，得到降序排列效果，如图 2-11 所示。

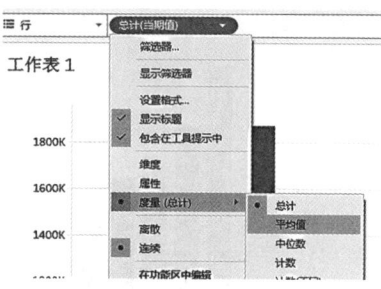

图 2-8　按平均值统计

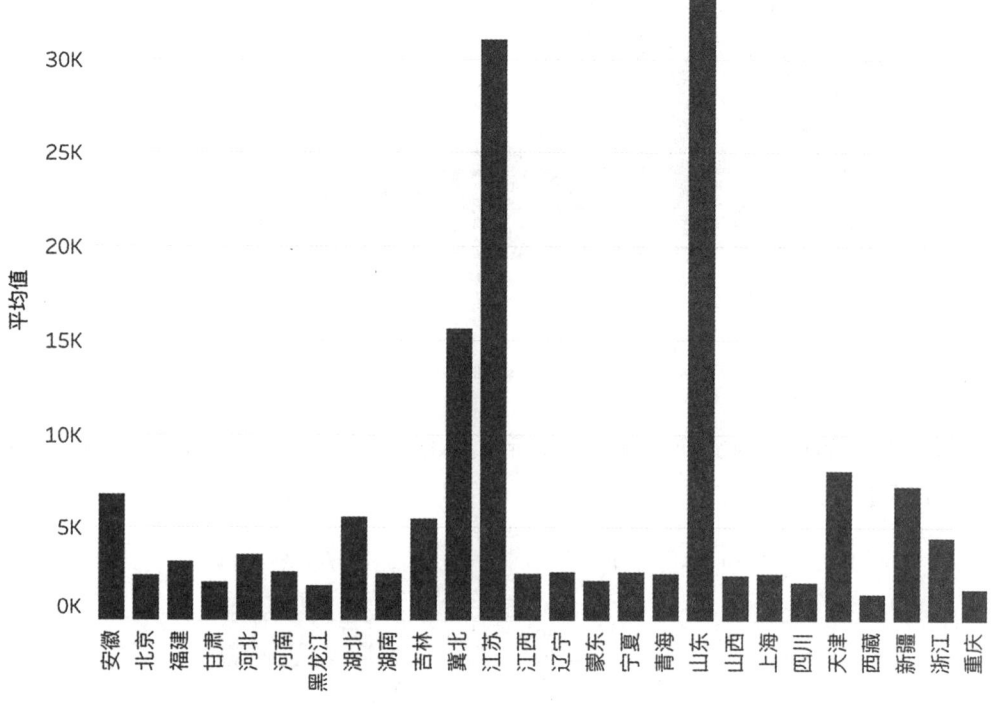

图 2-9　平均值效果

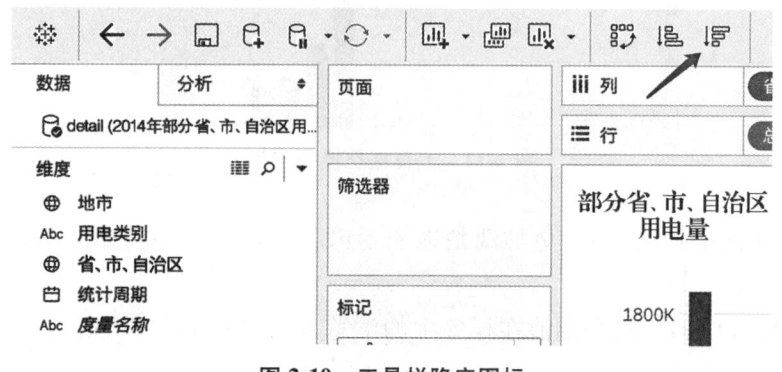

图 2-10　工具栏降序图标

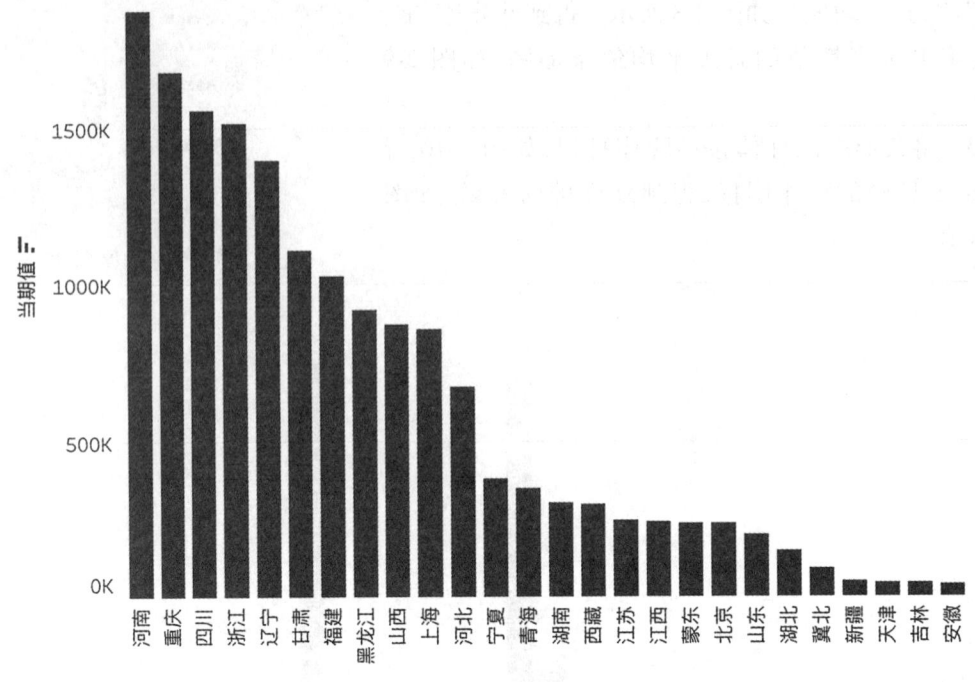

图 2-11　最终排列效果

（4）将条形图的行与列交换，如图 2-12 所示点击工具栏的"交换行和列"图标，或者按快捷键【Ctrl+W】。

图 2-12　工具栏交换行和列

（5）可在视图中加入标签，更加清楚地表示出度量值的大小。如图 2-13 所示，将当期值拖入标签。

（6）如图 2-14 所示，将当期值在标签中的汇总方式设置为"平均值"，与视图中的设置保持一致。

学习情境二 用 Tableau 分析国内用电量情况

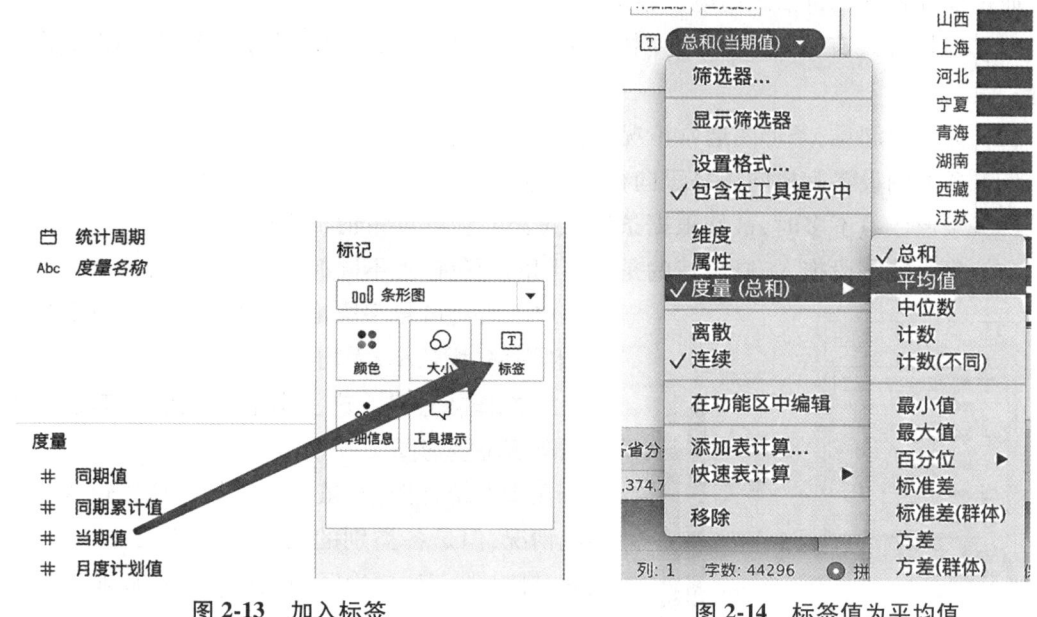

图 2-13 加入标签　　　　　　图 2-14 标签值为平均值

（7）开始设置颜色。将【省、市、自治区】拖入标记卡中的【颜色】，如图 2-15 所示，此时不同省、市、自治区的条形会被设置为不同的颜色。

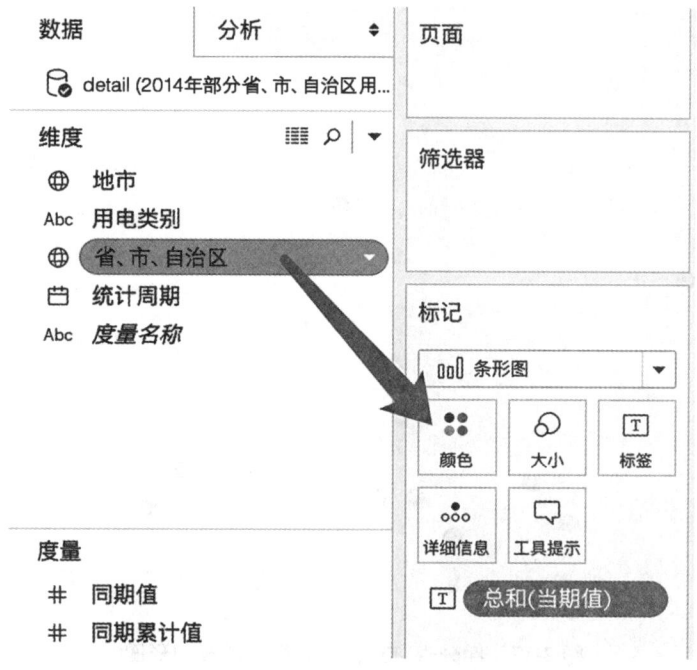

图 2-15 进行颜色设置

此时，省、市、自治区被设置为不同的条形颜色，使图形显得更加美观，具体彩色显示效果见源代码或电子文档。

通过部分省、市、自治区用电量条形图的制作过程,可总结如下:

(1)度量方式有总计、平均值、中位数、计数、计数(不同)五种,作图时根据分析目的选择;

(2)为美观起见,条形图通常情况下做降序排列;

(3)条形图设置为横向还是纵向往往根据图形效果决定;

(4)条形数量不多时,最好根据条形长度将对应的度量值加入标签;

(5)将维度字段拖入颜色,目的是用不同的颜色标志不同的对象(项目);

(6)若将度量字段拖入颜色,通常使用相对指标(如利润率、增长率、人均指标等)。

2. 制作部分省、市、自治区农业、工业、商业的用电情况圆形图

在条形统计图中,虽然可以较好地比较各地区的用电情况,但是各类别的用电情况却无法一目了然,因此,针对省、市、自治区的农业、工业、商业用电情况可采用圆形图进行显示。具体步骤如下。

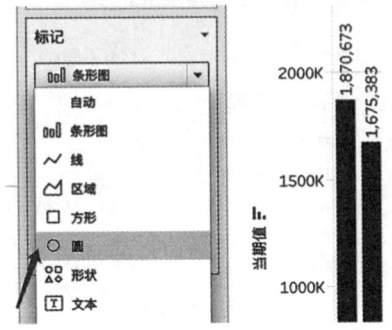

图 2-16　部分省、市、自治区用电总量图

(1)如图 2-16 所示,把条形图换成圆形图显示,效果如图 2-17 所示。图中每个圆点所代表的值是 9 个用电类别 6 个月的总和。

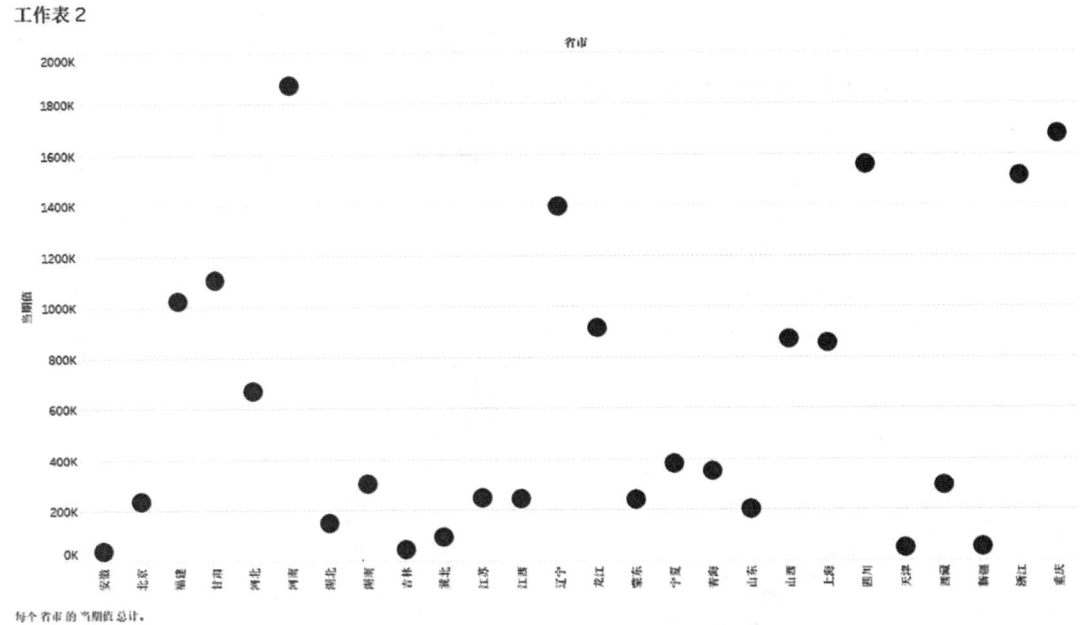

图 2-17　部分省、市、自治区用电总量圆形图

(2)如图 2-18 所示,拖放字段【用电类别】到【详细信息】,Tableau 会依据【用电类别】进行分解细化,完成后得到的部分省、市、自治区分类别用电量如图 2-19 所示。

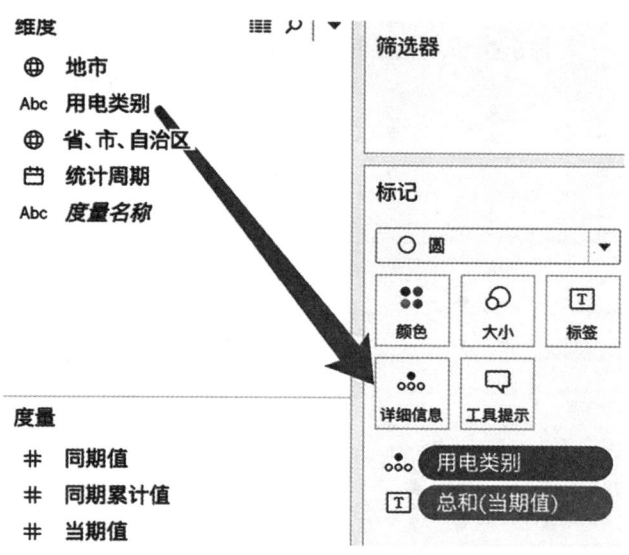

图 2-18 拖放字段【用电类别】到【详细信息】

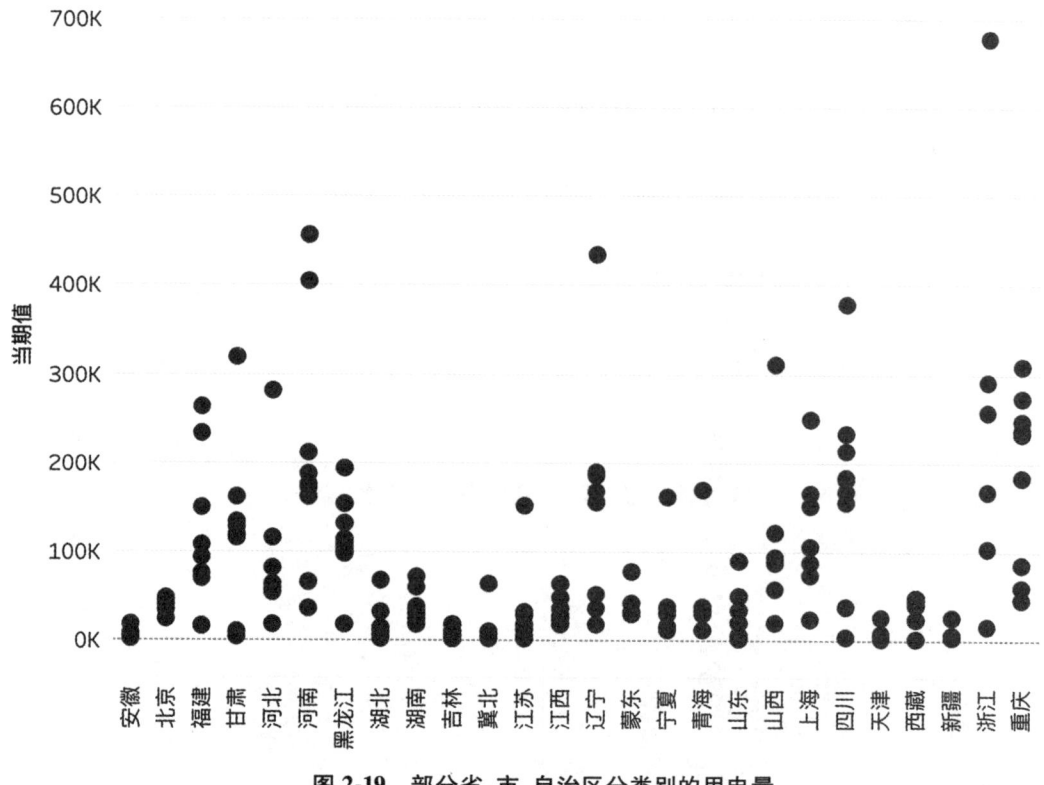

图 2-19 部分省、市、自治区分类别的用电量

若只显示大工业、农业、商业三种类型，可以按照图 2-20、图 2-21 所示进行筛选。

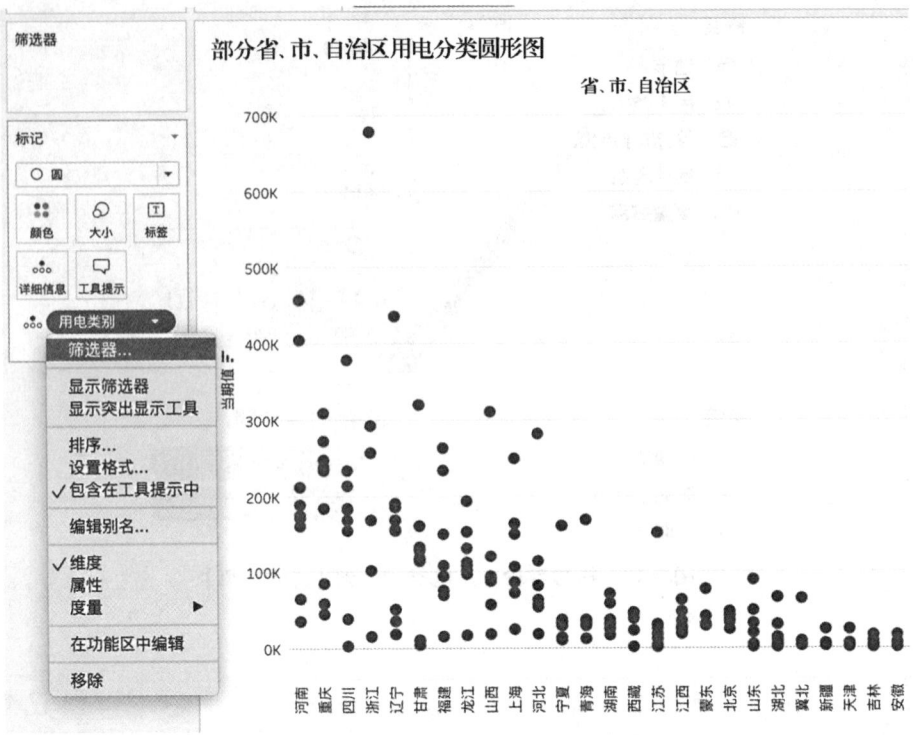

图 2-20　对显示的用电类别进行筛选

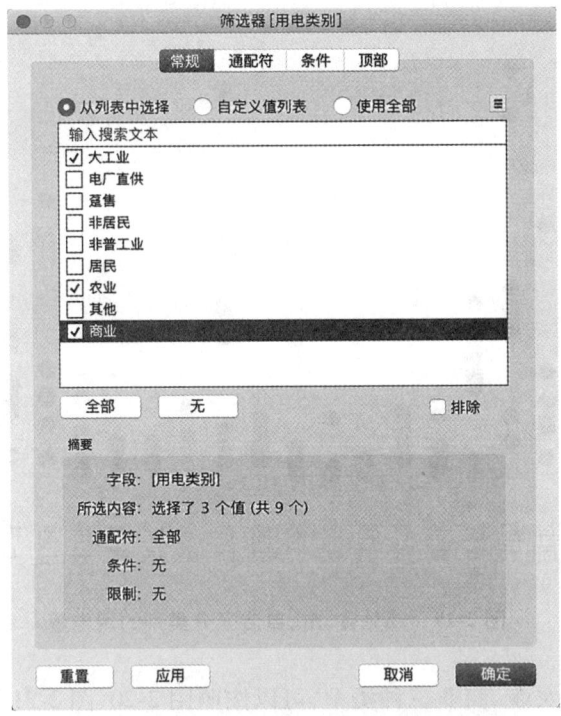

图 2-21　保留三个主要类型

（3）按照图 2-22、图 2-23 所示对三种用电类型设置颜色，建议工业——蓝色、商业——红色、农业——绿色，以符合日常使用习惯。

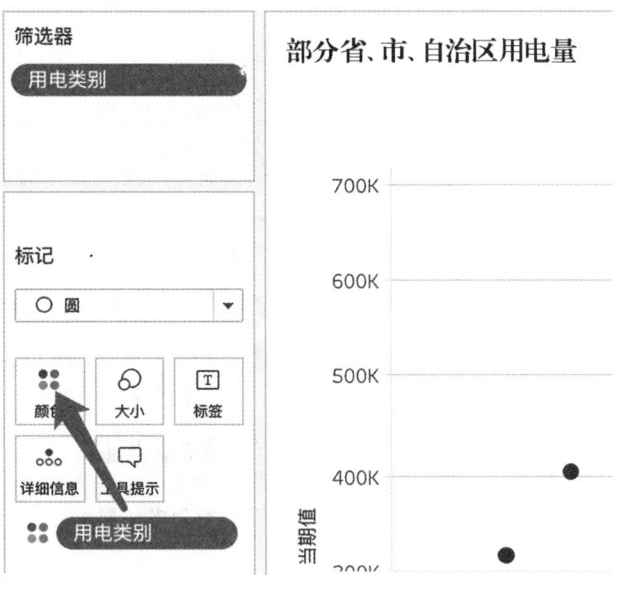

图 2-22　对圆设置颜色

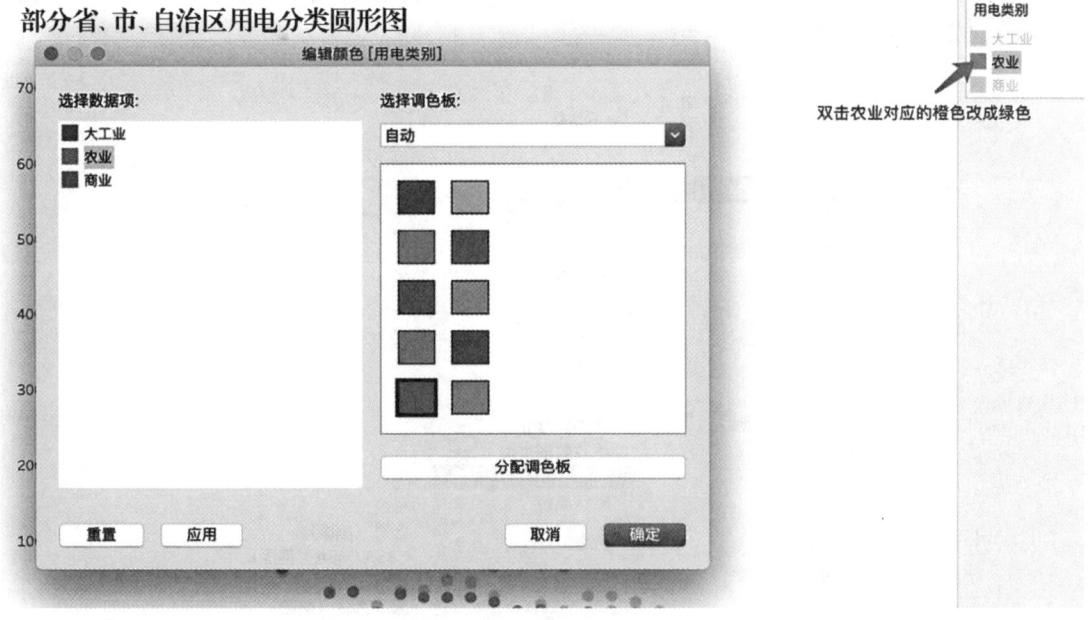

图 2-23　具体颜色选择

采用筛选显示后的国内部分省、市、自治区分类用电量如图 2-24 所示。

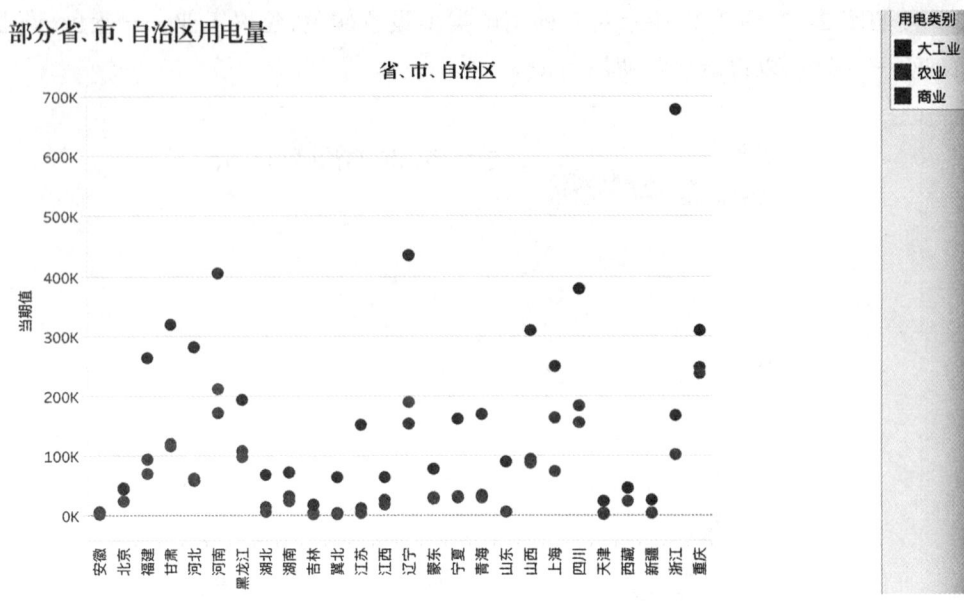

图 2-24　部分省、市、自治区分类用电量显示

3. 制作国内用电地图分布图

（1）如图 2-25 所示，把省、市、自治区变换为地理属性，这样就会基于全国地图经度和纬度显示用电量进行展示。接着如图 2-26 所示，把维度【省、市、自治区】拖到标记中，把度量【当期值】也拖到标记中。

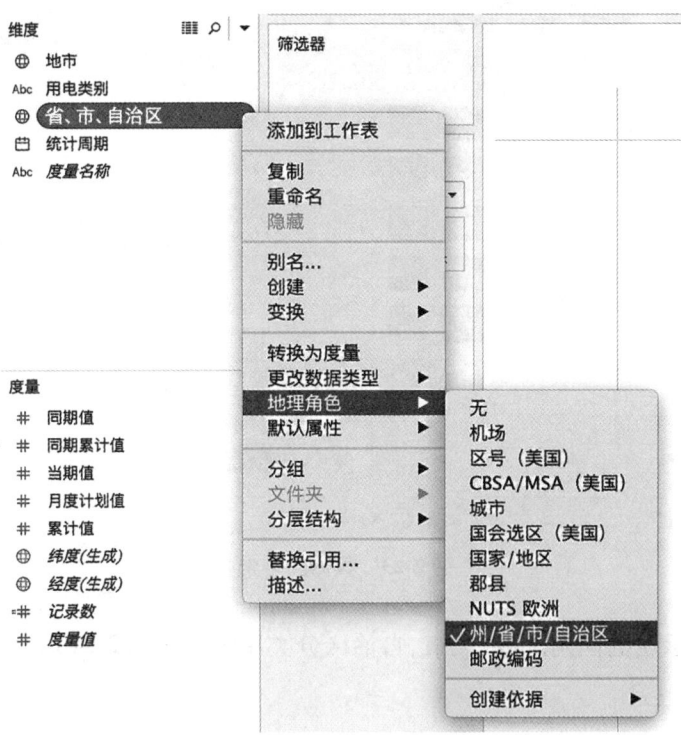

图 2-25　创建地理角色

学习情境二　用 Tableau 分析国内用电量情况

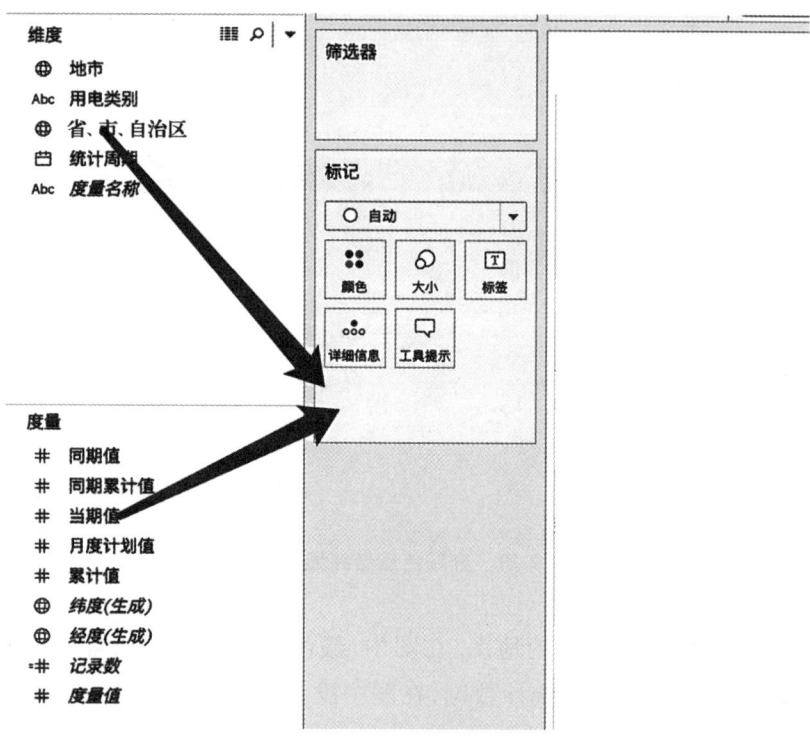

图 2-26　当期值拖入

（2）如图 2-27 所示，把【当期值】拖入颜色和标签中，并编辑颜色为红色 10 阶，如图 2-28、图 2-29 所示。

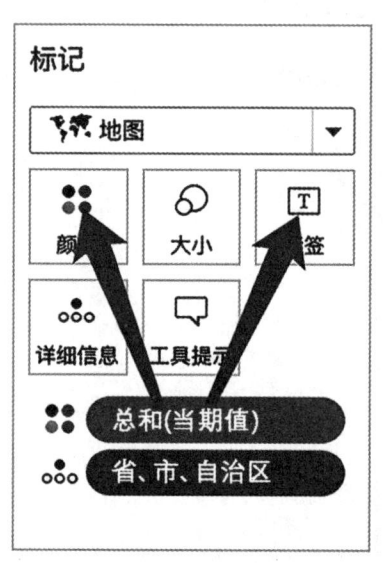

图 2-27　当期值拖入颜色和标签

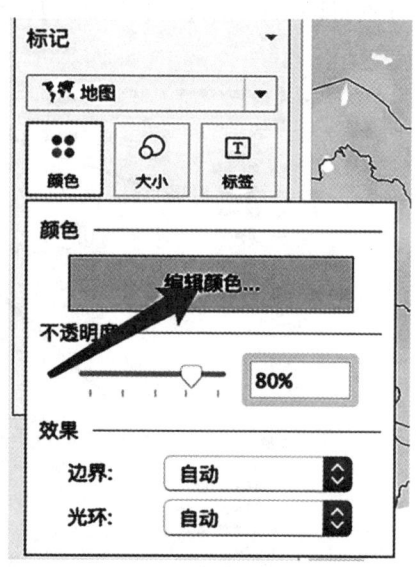

图 2-28　分颜色显示

33

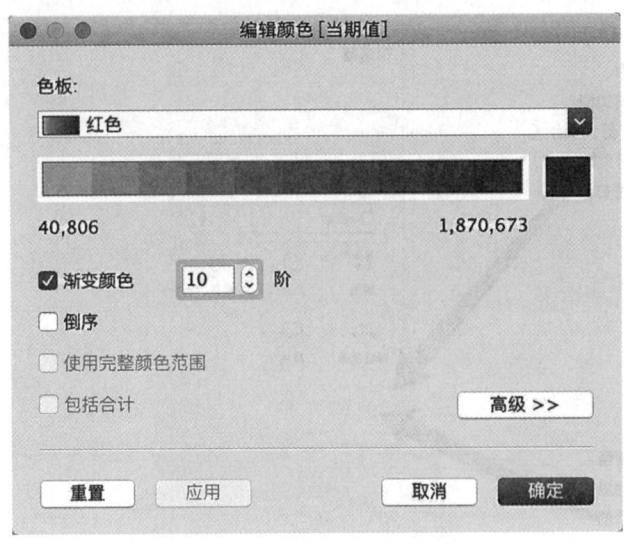

图 2-29 分颜色后最终显示效果

最终显示效果会是一个我国的地图,在图中,颜色越深的省、市、自治区表示用电量越大。个别省、市、自治区由于没有统计数据,在图中没有显示。具体显示效果在示例程序中运行可见。

4. 生成展示时间与用电量关系的动态页面

在 Tableau 中,将一个字段拖放到页面卡时会形成一个页面播放器,播放器可让视图"动起来",更加形象生动地展示数据,特别是时间序列数据。具体步骤如下。

(1) 分别将【统计周期】与【当期值】拖到列与行,如图 2-30 所示。

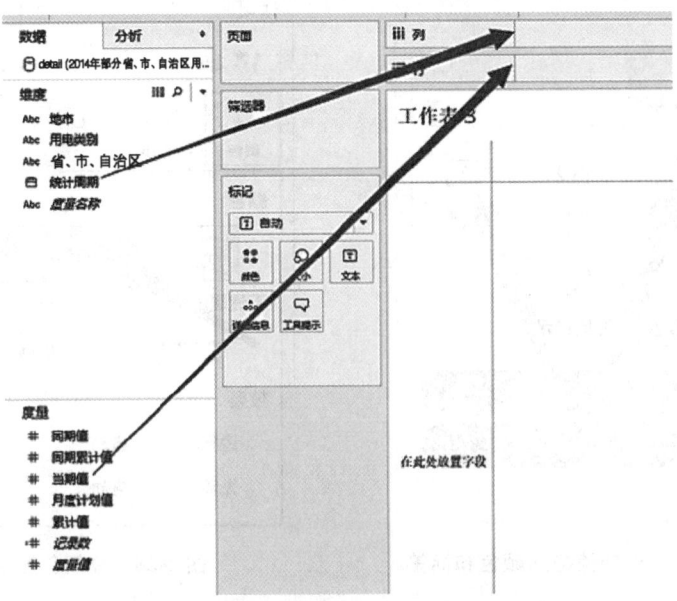

图 2-30 分别将统计周期与当期值拖到列与行

（2）由于原数据只包含 2014 年上半年的数据，Tableau 默认的统计周期为年，需手动转换为月。如图 2-31 所示，右击统计周期项目或者点击其右侧的白色三角形，在其下选择"月"。

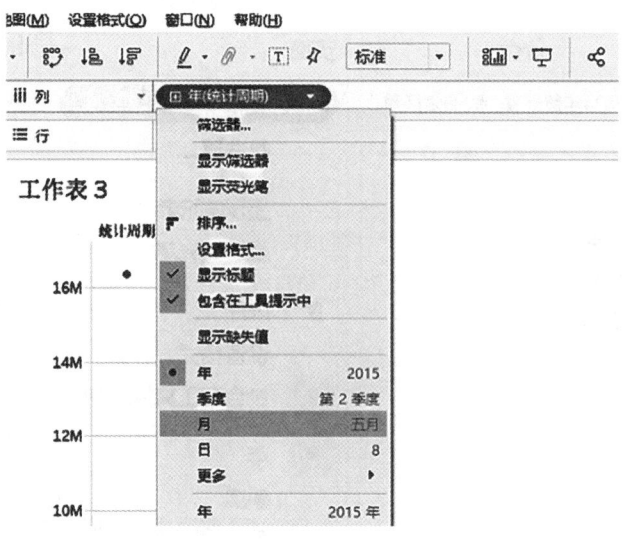

图 2-31　修改统计周期为月

（3）拖放字段【统计周期】到页面卡，如图 2-32 所示。

图 2-32　拖放字段"统计周期"到页面卡

（4）在页面显示中，将周期的显示"年（统计周期）"调整为"月（统计周期）"，如图 2-33 所示。

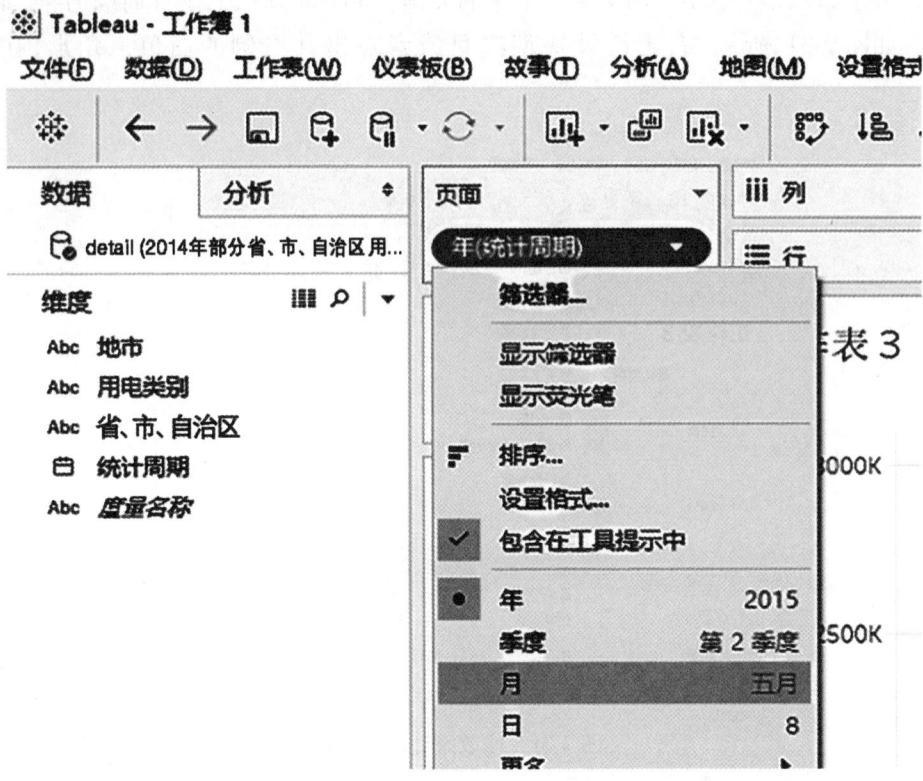

图 2-33 将周期的显示"年(统计周期)"调整为"月(统计周期)"

(5)如图 2-34 所示,将"标记"设为"圆",得到如图 2-35 所示的页面显示结果。

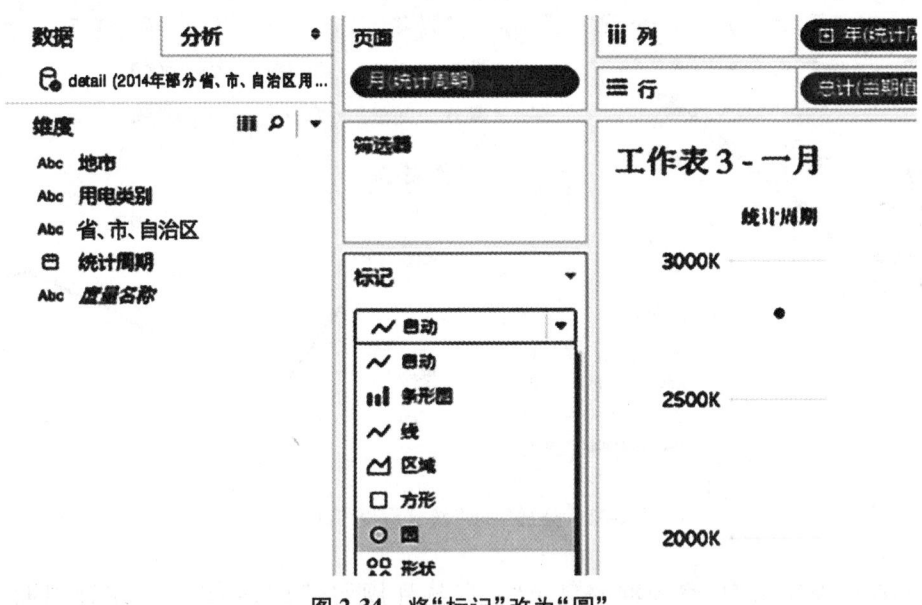

图 2-34 将"标记"改为"圆"

图 2-35 页面显示一个圆

（6）点击视图右侧播放器的播放键,如图 2-36 所示,最终可以使视图动态播放,圆就随每个月的数值进行跳动。

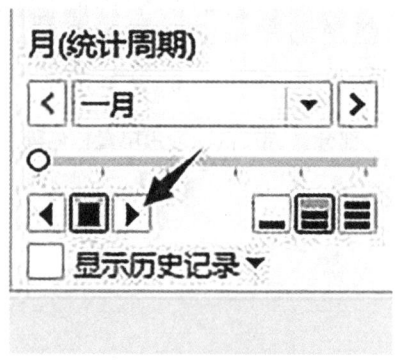

图 2-36 播放器的播放键

2.5.4 工作环节四：把多个图形组合成仪表板

在前面的工作环节中,一共制作了五个可视化图形,为了更好地表达相关的内容,可以对这五个图形进行组合显示。对多个图形组合可采用仪表板。在 Tableau 中,文本、图像、网页都可作为对象加入仪表板中,以丰富展示内容,优化展示效果。

对仪表板设置布局方式是仪表板制作的第一步。布局方式有以下两种。

（1）平铺:默认布局方式,所选工作表或对象互不覆盖,排列在一个单层网络中。平铺的布局方式只有从左到右、从上到下两种,风格较为严谨、整齐,但灵活度较差。

（2）浮动：工作表或对象浮动，并覆盖展示于背景视图中，可任意调整其大小和位置。浮动的布局方式相比较而言具有较大的自由度，可以满足更多个性化的需要。

在本次工作任务中，最终制作的五个图形分别如图 2-37～图 2-41 所示。

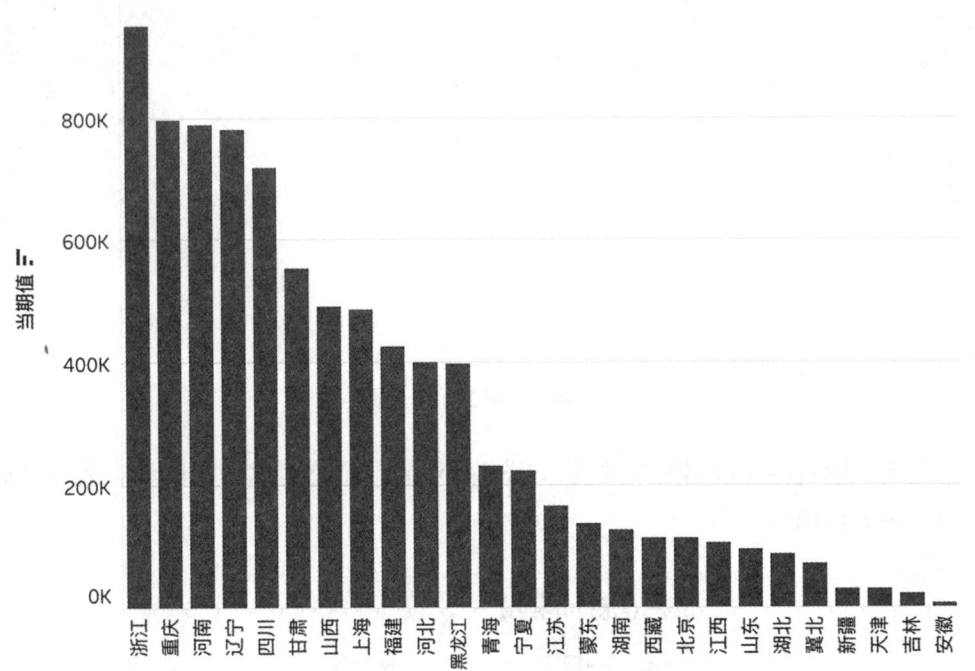

图 2-37　部分省、市、自治区用电量柱体降序排列

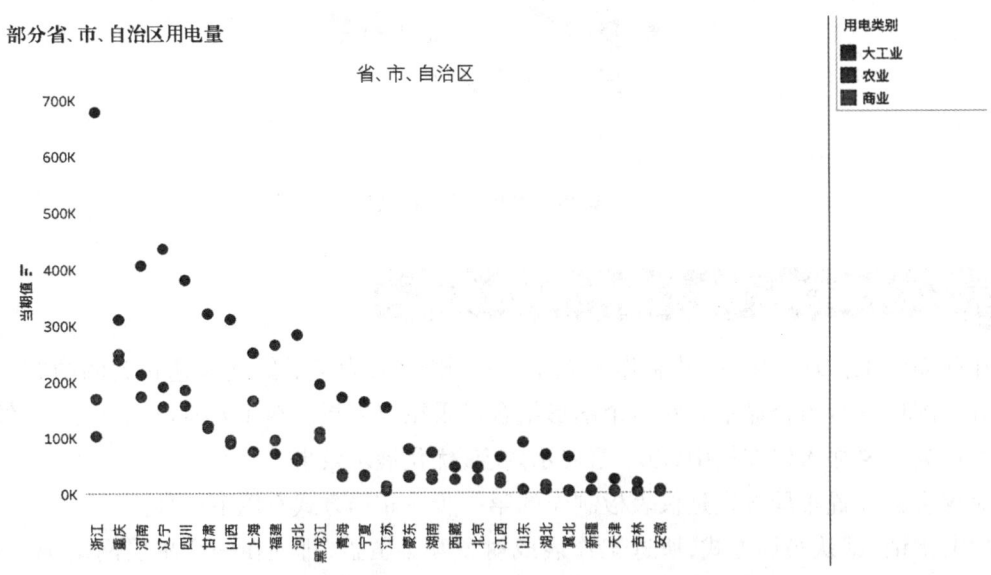

图 2-38　部分省、市、自治区分类用电量圆形图

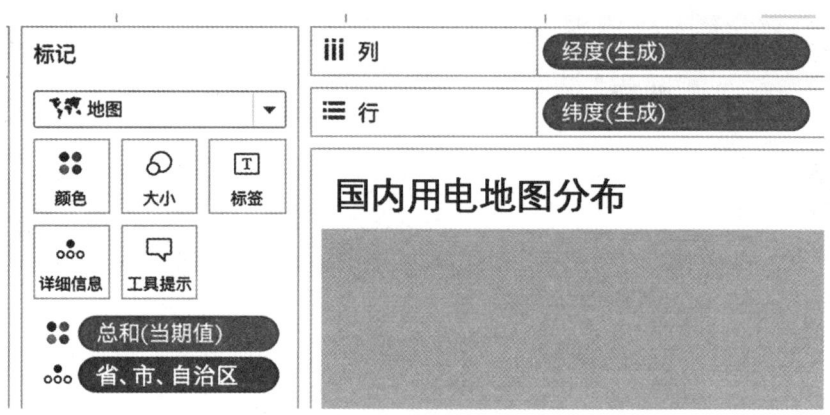

图 2-39　国内用电地图分布

月用电折线图

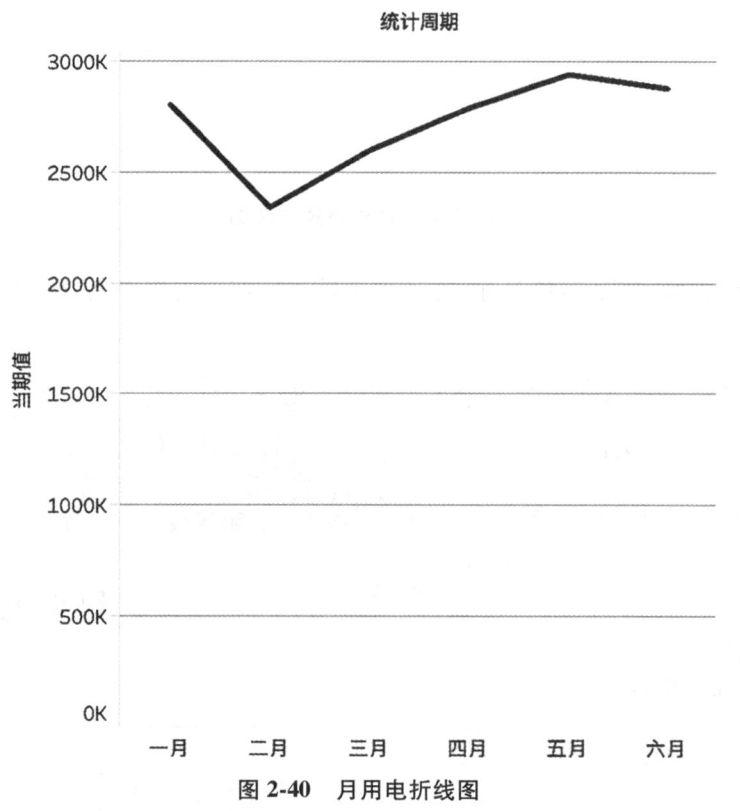

图 2-40　月用电折线图

根据显示内容的相关性,可以把图 2-37、图 2-38 和图 2-40、图 2-41 分别进行组合显示,而国内用电地图分布可单独显示,可按照图 2-39 对国内用电地图分布进行对应的参数设置,运行程序查看结果。仪表板制作步骤如下。

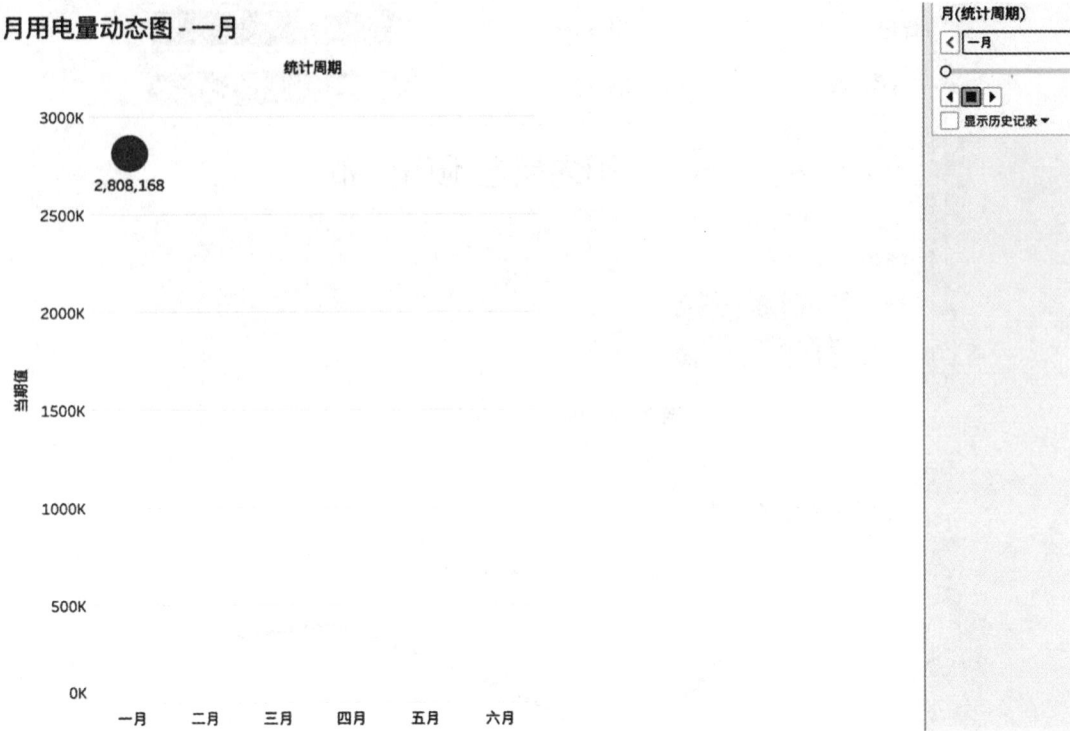

图 2-41　月用电量动态图

（1）创建仪表板，如图 2-42 所示，在顶部菜单或底部快捷栏中创建仪表板。

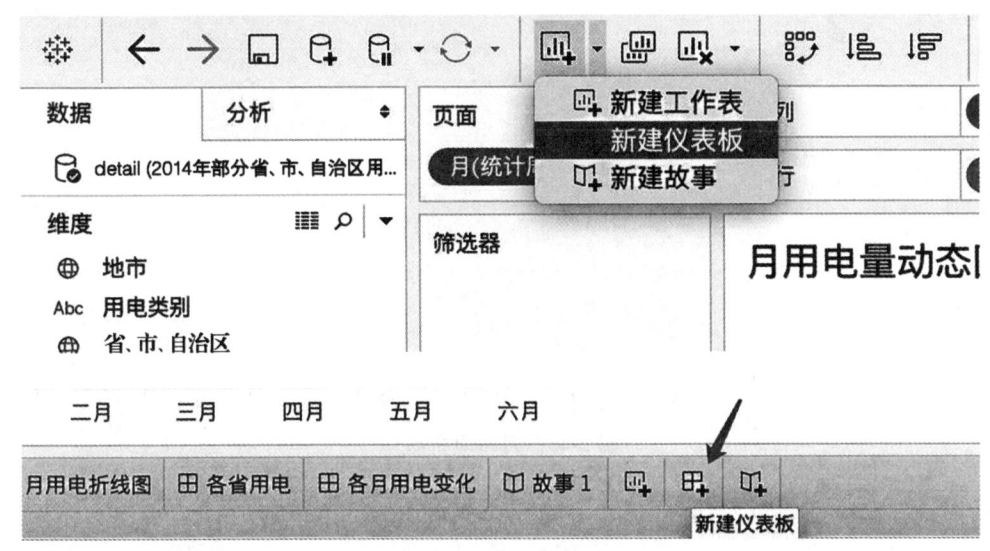

图 2-42　新建仪表板

（2）拖入相关工作表，如图 2-43 所示，将组合显示所需工作表拖到仪表板中。

学习情境二 用 Tableau 分析国内用电量情况

图 2-43 把图形加入仪表板

按照本节的图形显示规划，最终可得到两个仪表板，如图 2-44 和图 2-45 所示。

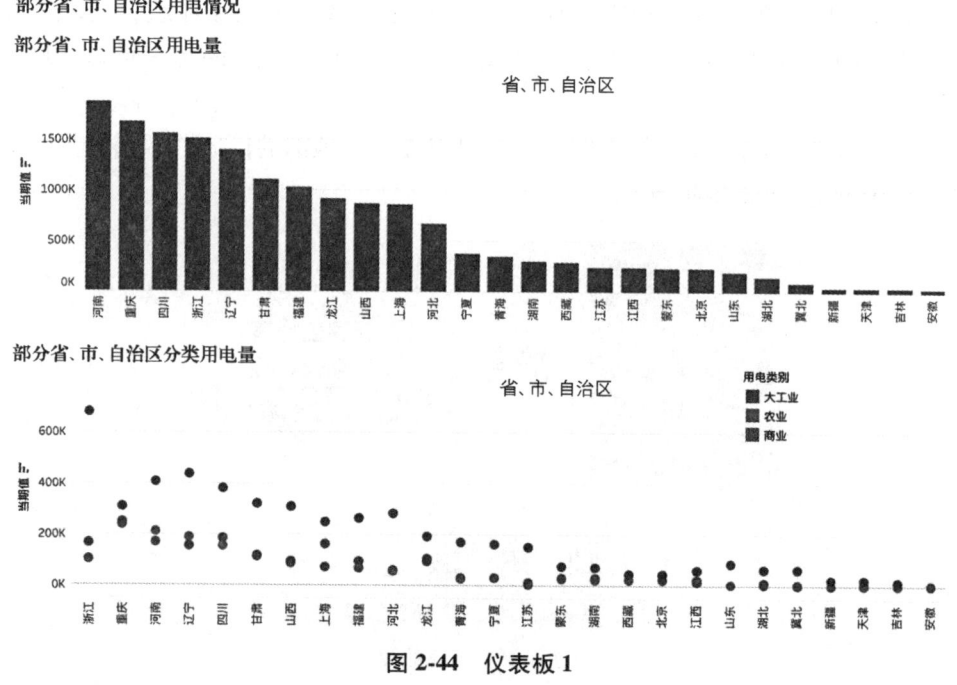

图 2-44 仪表板 1

41

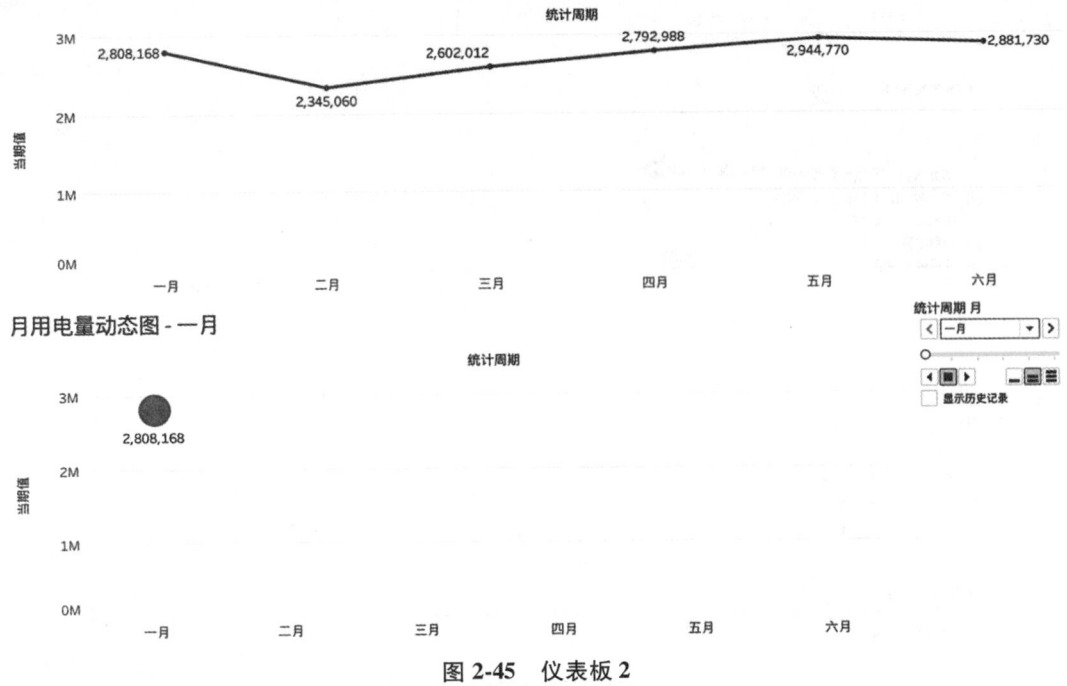

图 2-45　仪表板 2

2.5.5　工作环节五：根据仪表板的显示内容"讲故事"

在 Tableau 中，故事可以像 PPT 一样，把多个仪表板和图形按顺序组合起来播放，便于表达本次统计的主题和意图。其中每一个故事点就类似于 PPT 中的每一张幻灯片，制作步骤如下。

（1）创建故事的方法和创建仪表板类似，可以在菜单顶部的【新建故事】选项、顶部和底部的快捷栏中创建，如图 2-46 所示。

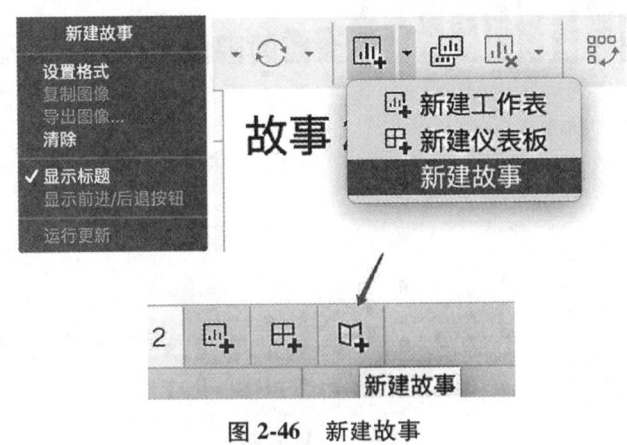

图 2-46　新建故事

（2）如图 2-47 所示，通过建立故事点，把图形或仪表板进行组合，形成一个故事，选择如图 2-48 所示的"演示模式"，故事就可以像 PPT 一样播放。

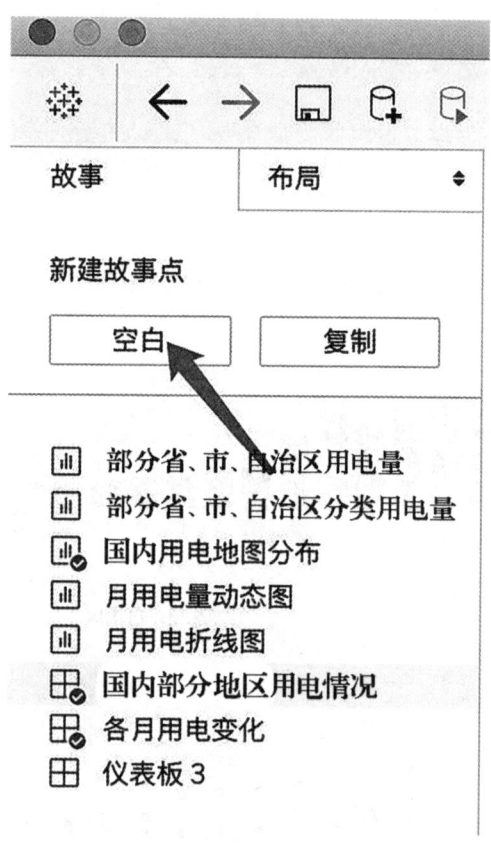

图 2-47 建立故事点

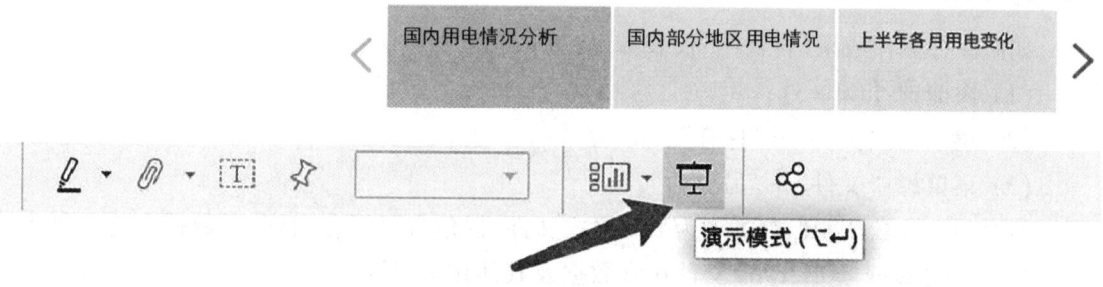

图 2-48 演示故事

最终演示效果如图 2-49 所示。

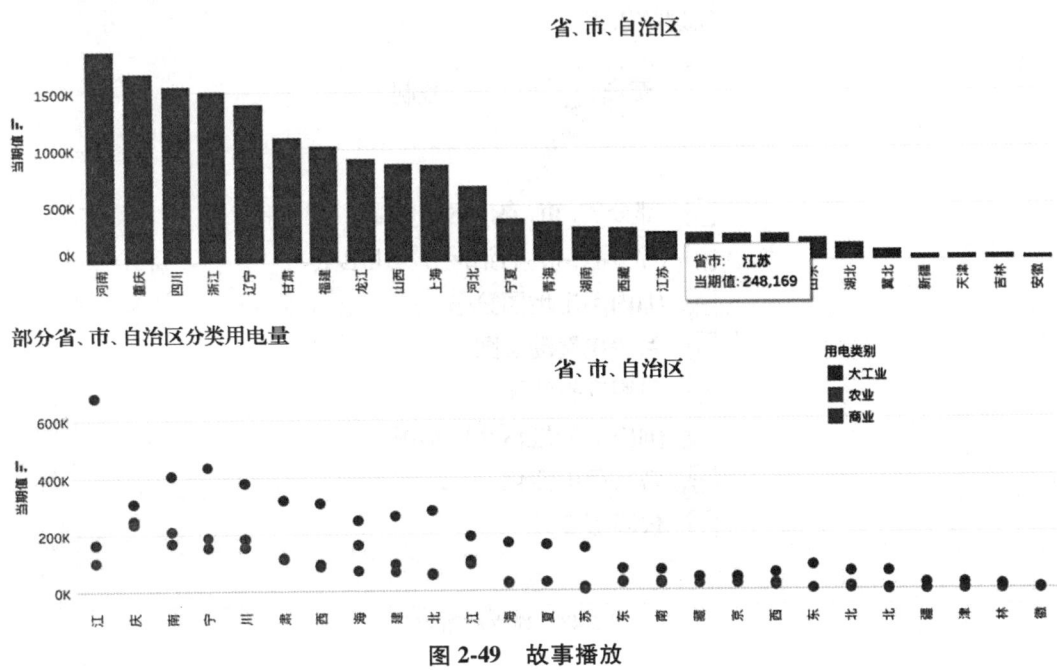

图 2-49 故事播放

2.5.6 工作环节六：保存工作成果

如需保存工作成果（含视图、仪表板、故事），有三种方法：

（1）快捷键：【Ctrl+S】；

（2）菜单栏："文件"→"保存"；

（3）菜单栏："文件"→"另存为"。

前两种方式默认的保存类型为 twb 格式文件，仅包含可视化内容，无数据。后一种方式可选择 twb 或 twbx 类型，twbx 文件包含数据及其他相关资源。

在需要共享协作，且数据安全有保证的前提下应尽量使用 twbx 方式，附带数据的保存方式可以避免很多麻烦。

twbx 文件是一种压缩文件，将其解压缩后会生成一个 twb 文件和文件夹，该文件夹包含所有数据源与资源（如背景图像及自定义地理编码文件等）。在某些特定场合，不需要 twb

或 twbx 工作簿，只需要复制、导出图像或 PDF 文件。

（1）复制图像：用在自己制作分析报告、PPT 等场合。

（2）导出图像：用在分享分析结果，而不需要提供交互功能的场合。

（3）导出 PDF 文件：更为正式，可将仪表板或故事导出 PDF 作为分析报告使用。

2.6 检查

完成相应的检查工作，填写如表 2-6 所示的检查单，最终提交工作成果，准备进行评价。

表 2-6　　　　　　　　　　　　　　　检查单

学习场				
学习情境				
学习任务			学时	
典型工作过程描述				
序号	检查项目	检查标准	学生自查	教师检查
检查评价	班级		第___组	组长签字	
	教师签字		日期		
	评语：				

2.7 评价

对每组的任务完成过程进行评价，填写评价单，如表 2-7 所示。

表 2-7　　　　　　　　　　　　　　评价单

学习场				
学习情境				
学习任务			学时	
典型工作过程描述				
评价项目	评价子项目	学生自评	组内评价	教师评价
	1.资讯____分；2.计划____分； 3.决策____分；4.实施____分； 5.检查____分；6.评价____分。			
	1.资讯____分；2.计划____分； 3.决策____分；4.实施____分； 5.检查____分；6.评价____分。			
	1.资讯____分；2.计划____分； 3.决策____分；4.实施____分； 5.检查____分；6.评价____分。			
	1.资讯____分；2.计划____分； 3.决策____分；4.实施____分； 5.检查____分；6.评价____分。			
评价的评价	班级		第____组	组长签字
	教师签字		日期	
	评语：			

2.8 课后习题

1. 数据可视化是指使用（　　）和（　　）技术将信息从数据空间映射到视觉空间，是一门跨越了计算机图形学、数据科学、自然科学和人机交互等领域的交叉学科。

A. 数据　　　　　　　　　　　　　　B. 图形

C. 表格　　　　　　　　　　　　　　D. 多媒体

2. 数据可视化的意义是（　　）。

A. 视觉是获取外部世界信息的最重要通道

B. 超过 50% 的人脑机能都用于视觉感知

C. 人眼对数字符号的感知速度快于数字和文本

D. 补充有限的记忆内存

3. 可视化的目标和作用是（　　）。

A. 有效呈现重要信息　　　　　　　　B. 揭示客观规律

C. 辅助理解事物概念和过程　　　　　D. 促进沟通交流和合作

学习情境三 用Tableau对客服座席接听数据进行统计

数据分析与可视化

在中国经济不断发展,互联网经济不断深化的大环境之下,互联网金融与传统金融相比,推出了许多高效便捷,站在客户角度考虑,并且以实际出发的数字型服务,客服座席接听就是其中之一。行业的客服中心的服务能力、服务水平以及服务效率对于行业整体的发展以及竞争力起到了关键的作用。

通过对客服座席接听数据进行统计,可以为客服座席接听数据的关键绩效指标(即KPI)提供关键分析数据。KPI通过对组织内部流程的输入端、输出端的关键参数进行设置、取样、计算、分析,衡量流程绩效的一种目标式量化管理指标,是企业绩效管理的基础。KPI可以明确部门人员的业绩衡量指标。每个行业、企业对客服座席接听数据的KPI指标并不相同,但数据处理步骤大致相同。

绩效考核是对于一个企业的人员管理以及企业运营的重要组成部分,客服中心的员工数量之多,业务流程烦琐复杂,导致需要进行考核与约束的指标相对较多。设计绩效考核体系,可以促进基层员工与管理层的沟通与反馈,提升团队业绩,为员工寻求更加良好的发展,最终帮助企业实现战略目标以及提升盈利。本情境使用数据为2014年1月客服座席明细表,如图3-1所示,通过对本实例举一反三,可以对行业、企业其他绩效评价进行统计和分析。

	A	B	C	D	E	F	G	H	I	J	K	L	M	N	O
1	中心	部	组	班	日期	姓名	工号	人工服务接听量	三声铃响接听量	呼入通话时长(秒)	平均呼入通话时长(秒)	呼入案头总时长(秒)	平均呼入案头时长(秒)	服务评价推送成功数	服务评价满意率
2	北中心	客服二部	客服二组	常白1班	2014/1/1	XX	20011415	13	13	2,356	181.23	248	19.08	11	1
3	北中心	客服二部	客服二组	常白1班	2014/1/1	XX	20011395	12	12	1,502	125.17	238	19.83	11	1
4	北中心	客服二部	客服二组	常白1班	2014/1/1	XX	20007505	22	22	1,821	82.77	219	9.95	20	0.9
5	北中心	客服二部	客服二组	常白2班	2014/1/1	XX	20011365	22	22	3,584	162.91	213	9.68	21	1
6	北中心	客服二部	客服二组	常白2班	2014/1/1	XX	20011265	2	2	258	129	14	7	2	1
7	北中心	客服二部	客服二组	常白2班	2014/1/1	XX	20006955	19	19	1,228	64.63	128	6.74	16	1
8	北中心	客服二部	客服二组	常白3班	2014/1/1	XX	20006745	22	22	3,035	137.95	205	9.32	19	1
9	北中心	客服二部	客服二组	常白4班	2014/1/1	XX	20007955	25	25	3,212	128.48	199	7.96	22	1
10	北中心	客服二部	客服二组	常白二组	2014/1/1	XX	20005955	26	26	3,546	136.38	415	15.96	22	1
11	北中心	客服二部	客服二组	常白组	2014/1/1	XX	20003775	4	4	468	117	6	1.5	3	1
12	北中心	客服二部	客服二组	第三组	2014/1/1	XX	20011315	28	28	4,471	159.68	476	17	26	1
13	北中心	客服二部	客服二组	第三组	2014/1/1	XX	20004075	1	1	27	27	26	26	1	1
14	北中心	客服二部	客服二组	第一组	2014/1/1	XX	20006195	1	1	452	452	1	1	1	1

图3-1 客服座席接听数据明细表

3.1 任务

本次工作任务是,根据以上的数据进行数据可视化,并对可视化结果进行简单的分析。

要求每组的同学们理解任务,完成如表 3-1 所示的工作任务单,也可以自行设计相似的工作任务单。

表 3-1　　　　　　　　　　　任务单

学习场	
学习情境	
学习任务	学时
典型工作过程描述	
学习目标	
任务描述	
学时安排	资讯___学时　计划___学时　决策___学时　实施___学时　检查___学时　评价___学时
对学生的要求	
参考资料	

3.2 资讯

为完成以上任务,请每组同学收集相关资讯,完成如表 3-2 所示的资讯单(建议通过数据可视化软件 Tableau 来完成本次任务)。

客服座席接听数据明细表数据字段包括:中心、部、组、班、日期、姓名、工号、人工服务接听量、三声铃响接听量、呼入通话时长(秒)、平均呼入通话时长(秒)、呼入案头总时长(秒)、平均呼入案头时长(秒)、服务评价推送成功数以及服务评价满意率。字段明细如下。

(1) 中心:北中心、南中心。
(2) 部:客服一部、客服二部、客服三部。
(3) 组:客服一组、客服二组。
(4) 班:1~23 班、常白 1~4 班、运行 1~5 班、新人班、其他班等。
(5) 日期:日期为年/月/日。
(6) 姓名:涉及隐私已经屏蔽。
(7) 工号:8 位数字。
(8) 人工服务接听量至服务评价满意率全部为数据字段。

表 3-2　　　　　　　　　　　资讯单

学习场	
学习情境	
学习任务	学时
典型工作过程描述	
搜集资讯的方式	
资讯描述	
对学生的要求	
参考资料	

3.3 计划

请每组同学根据收集的资讯,针对本次工作任务,制订相应的工作计划,完成如表 3-3 所示的计划单。

表 3-3　　　　　　　　　　　　　　计 划 单

学习场				
学习情境				
学习任务			学时	
典型工作过程描述				
计划制订的方式				
序号	工作步骤		注意事项	
计划评价	班级		第___组	
	教师签字		日期	
	评语:			

3.4 决策

请每组同学针对本组制订的计划进行评估,最终决定一个流程并填写如表 3-4 所示的决策单。

表 3-4　　　　　　　　　　　　　　决策单

学习场					
学习情境					
学习任务				学时	
典型工作过程描述					
计划对比					
序号	计划的可行性	计划的经济性	计划的可操作性	计划的实施难度	综合评价
决策评价	班级		第___组	组长签字	
	教师签字		日期		
	评语:				

3.5 实施

以下是提供给大家参考的工作环节的流程,每组同学可以根据自己小组的情况进行参考,最终完成本组的工作任务。最终结果不必与参考内容保持完全一致,选择本组最喜欢的方式来表达分析结果即可,如表 3-5 所示。

表 3-5　　　　　　　　　　　实施单

学习场				
学习情境				
学习任务			学时	
典型工作过程描述				
序号	实施步骤		注意事项	
实施说明：				
实施评价	班级		第___组	组长签字	
	教师签字		日期		
	评语：				

3.5.1 工作环节一：选择与连接数据源

通过连接数据、制作分析表以及保存工作表这三个工作环节完成基础数据统计图，熟悉"客服座席接听数据表"，完成一个基础的可视化数据表。

选择数据源并进行连接，具体操作步骤如下。

（1）打开 Tableau 软件，在初始连接界面点击需要连接的数据，这里选择"Microsoft Excel"，如图 3-2 所示。

（2）如图 3-3 所示，在数据所在文件夹中选取该 Excel 文件。

图 3-2　数据连接

图 3-3　选择 Excel 文件

（3）如图 3-4 所示，打开后即可见到数据已被导入 Tableau 数据源。

图 3-4　Tableau 数据源

如果还有其他数据需要导入，可以点击"添加"，添加其他数据连接。这里的连接除 Excel 外其他跨数据库也可以直接连接，如图 3-5 所示，Tableau 可以自动建立跨数据库连接。

图 3-5　跨数据库连接

数据导入前可以对某个字段进行重命名，例如重命名工号字段，点击图 3-6 中字段右上角的"▼"三角菜单，选择"重命名"，将工号字段重命名为"员工工号"，如图 3-7 所示。

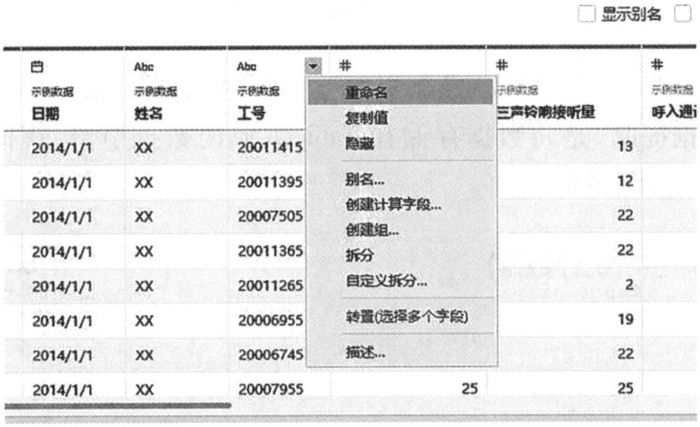

图 3-6　字段重命名

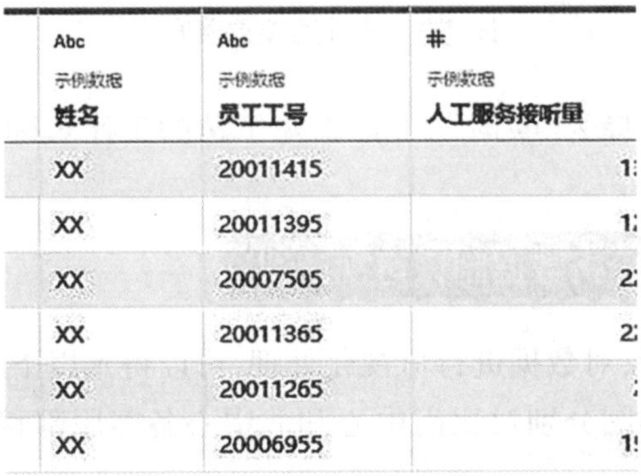

图 3-7　字段重命名效果

还可以变化字段的格式,例如点击图 3-8 中字段左上角的"Abc"或"#"菜单,可以把工号由原来的"字符串"变为"数字(整数)"。

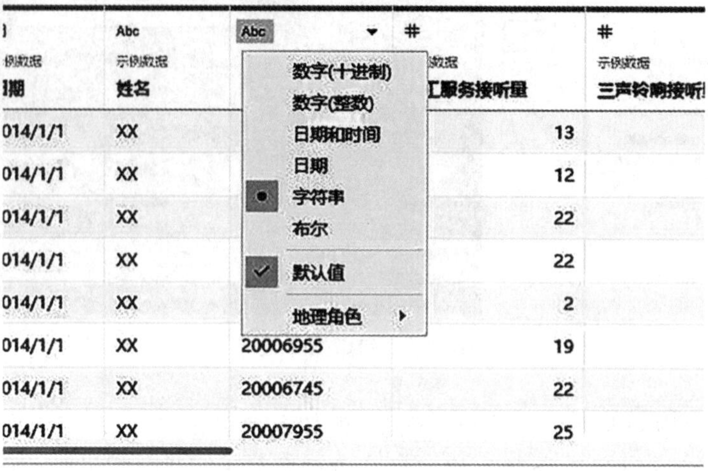

图 3-8　修改字段类型

数据导入还可以选择"实时"或"数据提取"方式连接数据,如图 3-9 所示。"实时"支持数据实时更新,"数据提取"是将数据存储在 Tableau 临时数据引擎,获得的是离线数据,可以将关键数据受影响降到最低。

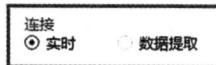

图 3-9　两种连接数据方式

本实例将连接方式选择为"实时",并点击左下角的工作表标签,进入如图 3-10 所示的工作界面。

3.5.2　工作环节二:分析数据制订可视计划

对原始数据进行分析,对数据进行可视化处理,可以得到以下几种图形。

(1)用柱状图和条形图分别对比南中心和北中心各客服部接听总量数据,为管理层在绩效考核时作参考。

(2)用折线图找到 1 月每天的接听总量中哪一天是接听总量最高的,从而可以对一个

图 3-10 连接工作界面

月内接听总量每天数据进行对比分析。

（3）用折线图展示 1 月接听量汇总，并能查看不同中心以及下级各个部门、各个组的人工服务接听量。

（4）在使用数据前能对数据进行详细分析，对差异数据进行数据清洗，为后续数据分析做好准备。

（5）创建平均每日人工服务接听量降序排名前 10 名员工的集，创建"出勤天数"由高到低排行前 1 000 名员工的集，创建高出勤且高人工服务接听量的员工分析的集，通过集的对比创建柱状图显示各组内"勤劳员工"所占比例，为员工的绩效考核工作提供依据。

（6）用饼图显示在出勤天数排名前 1 000 名的员工中，南北两个中心的员工份额对比，可以比较出南北中心的员工出勤的效果。

（7）用聚合图表对南北中心人工接听服务评价满意率进行对比。

（8）用条形图和参考线对南北中心各客服部服务满意率进行统计，从结果可以看出哪个中心满意率更高。

（9）设置仪表板和可视化故事，把需要表达的图标串联起来使用。

3.5.3 工作环节三：制作可视化图形

1. 完成基础数据统计图

工作任务：南、北中心各客服部接听量汇总。

开始制作人工服务接听量分析表，如图 3-11 所示，分别将【中心】、【部】、【人工服务接听量】拖入列、行。

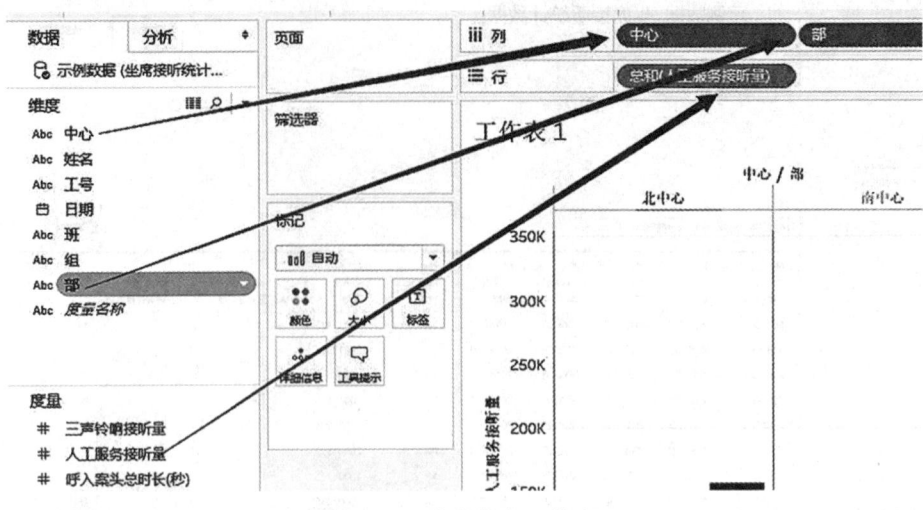

图 3-11　字段拖入工作表

系统智能推荐的汇总表名为"人工服务接听量",并使用柱状图表示,选中工作表 1,单击鼠标右键,选择"重命名"即可重命名汇总表名称,如图 3-12 所示。

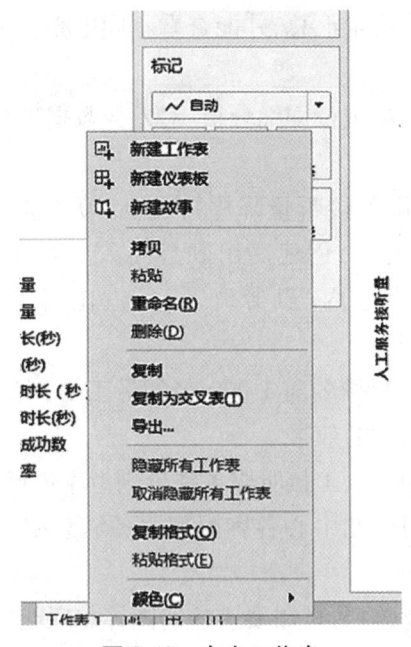

图 3-12　右击工作表

在本实例中,将汇总表重命名为"2014 年 1 月人工服务接听量汇总表",如图 3-13 所示,点击"保存"按钮,即保存为对应的 twb 文件。这样一个简单的 Tableau 数据表就完成了,生成效果如图 3-14 所示。

学习情境三　用 Tableau 对客服座席接听数据进行统计

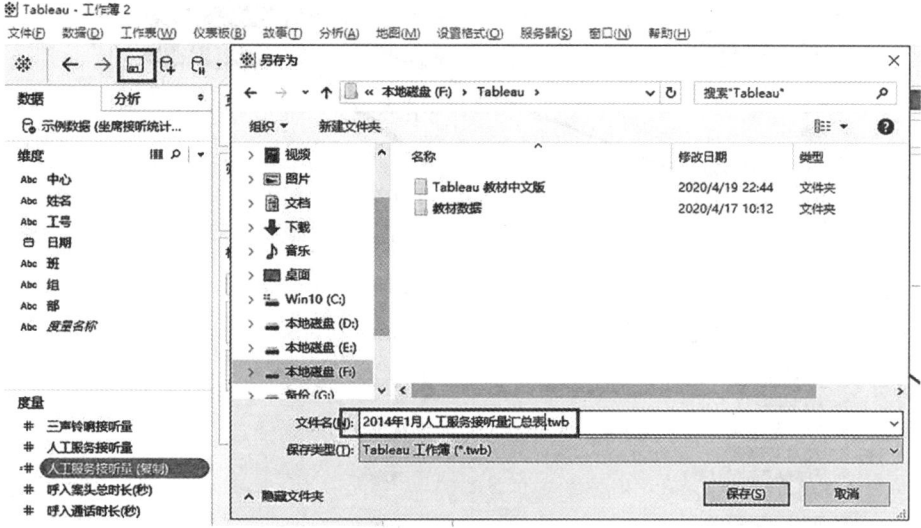

图 3-13　保存工作表

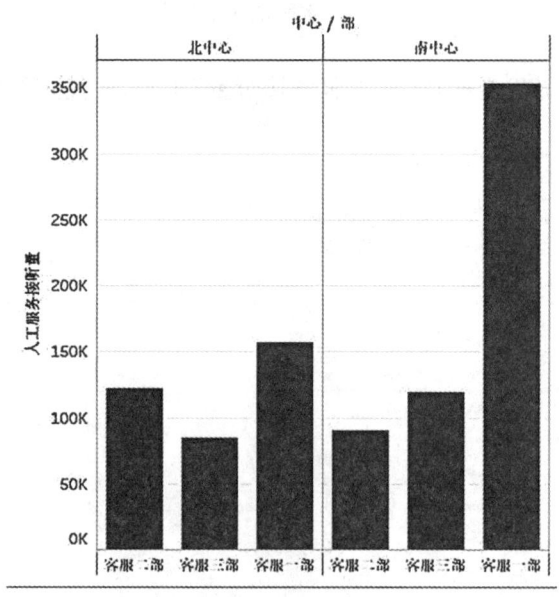

图 3-14　完成效果

2. 每天的接听量数量统计

工作任务：找到 1 月份接听总量中哪一天接听总量最高。

制作人工服务接听量分析表，分别将【日期】、【人工服务接听量】拖入列、行，如图 3-15 所示。

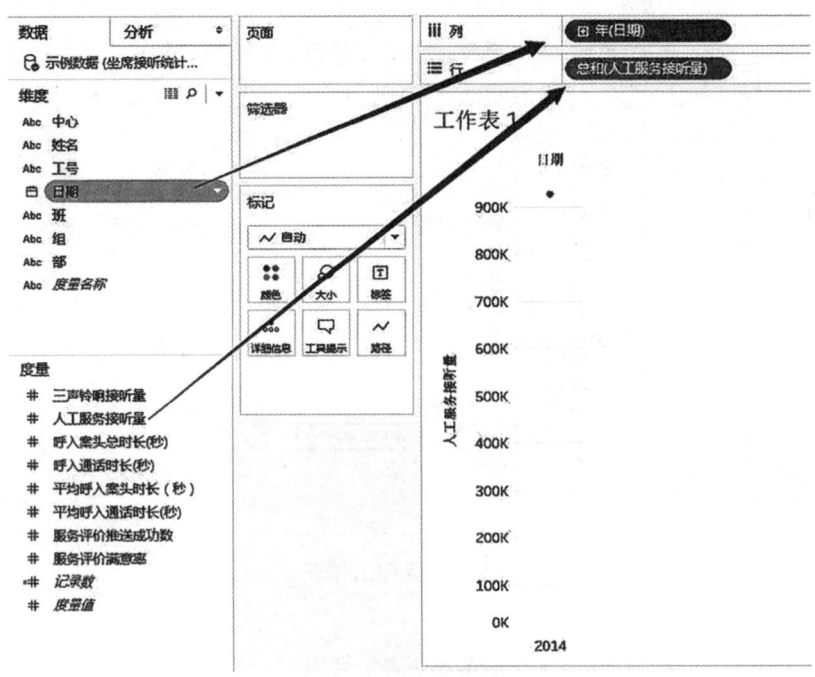

图 3-15　字段拖入工作表

如图 3-16 所示，系统智能推荐"人工服务接听量"汇总，并使用线图表示。

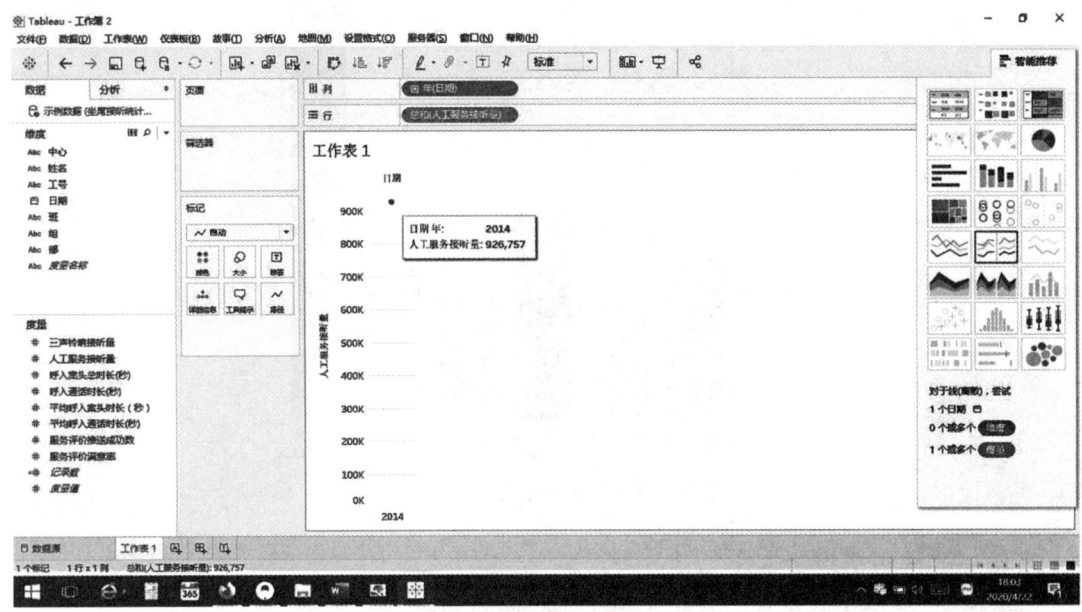

图 3-16　智能推荐

此时，接听量数据在【年】级别汇总，点击【年（日期）】左侧的"+"，即可下沉到更低层级，如图 3-17 所示。

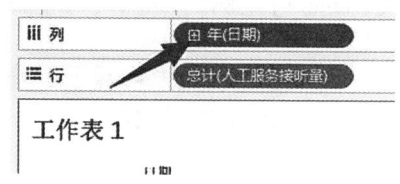

图 3-17　字段下沉

将显示【季度】项目(因原始数据只包含第一季度的数据,因此当前结果仅包含第一季度),如图 3-18 所示。

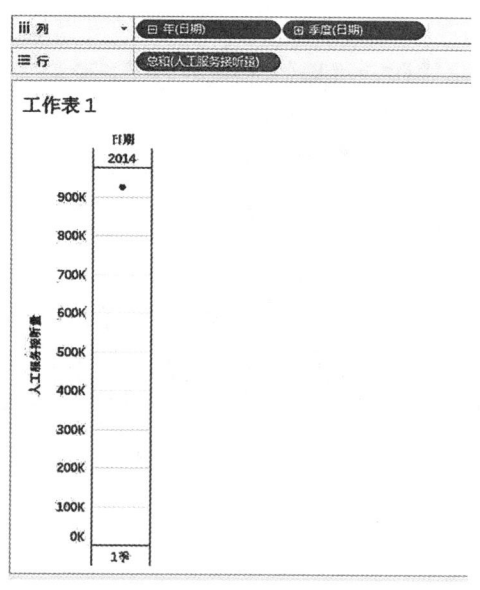

图 3-18　显示季度

点击【年(日期)】左侧的"-",即可上收到原层级,如图 3-19 所示:

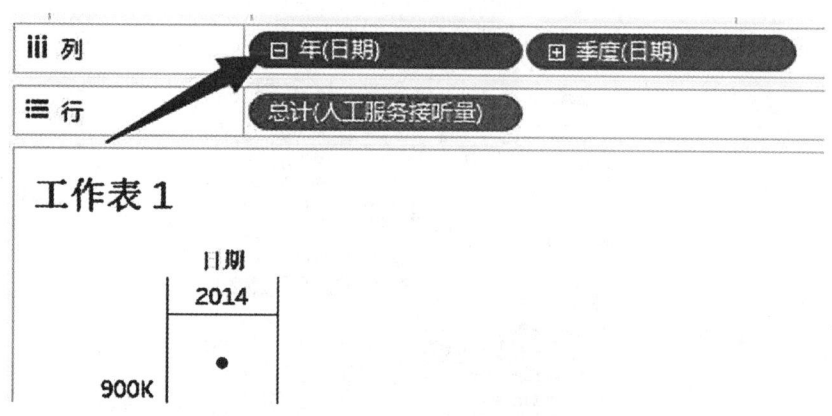

图 3-19　上收到原层级

如图 3-20 所示,点击【季度(日期)】左侧的"+",即可下沉到更低层级。

图 3-20　下沉到更低层级

本实例数据最多可下沉到【日】级别,从而观察日级别的趋势,日级别趋势图如图 3-21 所示。

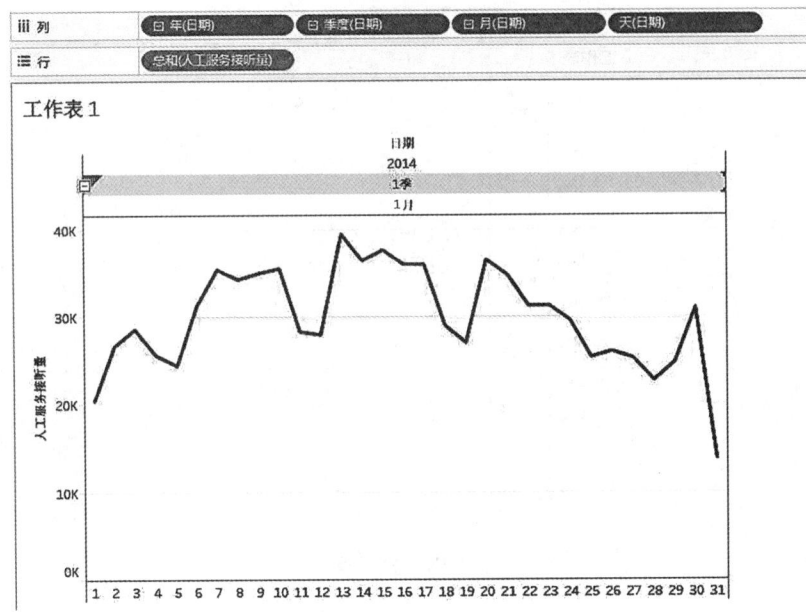

图 3-21　日级别趋势图

再把【人工服务接听量】拖入颜色标记,如图 3-22 所示。

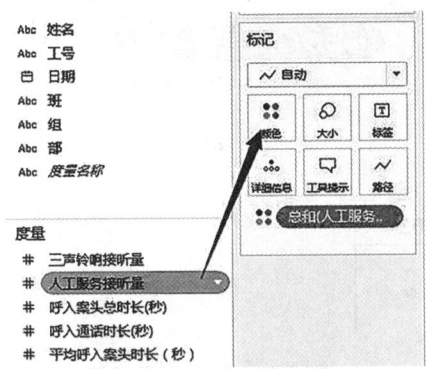

图 3-22　拖入颜色标记

如图 3-23 所示,打开【标记】颜色菜单,选择【编辑颜色】。

图 3-23　编辑颜色

如图 3-24 所示,勾选【渐变颜色】,值选择【3】阶,点击确定,这样就更能突出显示效果。

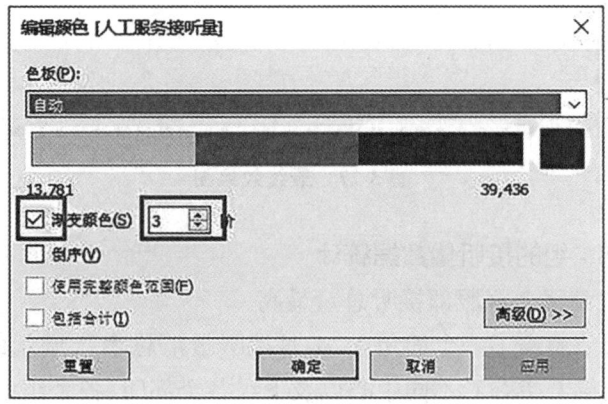

图 3-24　突出显示效果

根据折线图选择折线最高点 13 日,如图 3-25 所示,点击鼠标右键,选择【添加注释】中的【标记】选项,进入如图 3-26 所示的编辑注释界面。

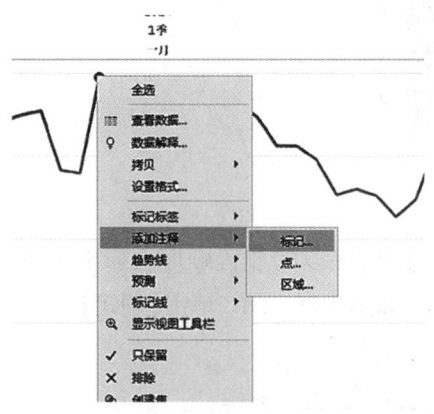

图 3-25　添加注释

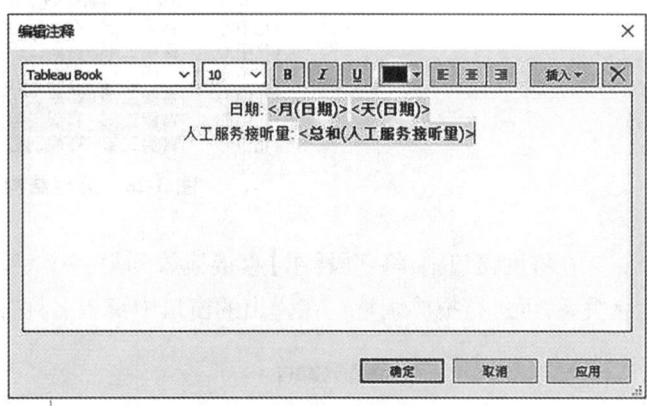

图 3-26　编辑注释菜单

把编辑好的标记拖动到年线图中合适位置,重新命名工作表为"1月接听量汇总表",最终效果如图 3-27 所示。

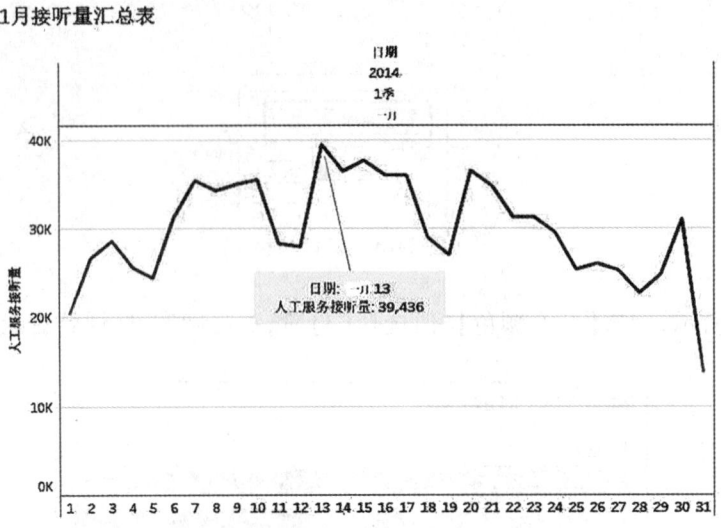

图 3-27 最终效果图

3. 不同中心、部、组的接听量数据统计

工作任务(1):找到哪个客服部接听总量最高。

在上一个工作环节制作了一个简单的"1月接听量汇总表",展示的是一个月人工服务接听量的折线图。如果希望查看不同中心以及下级各个部门、各个组的人工服务接听量,依据已有的维度字段【中心】、【部】和【组】来创建分层结构即可轻松实现。

原数据中组织结构的层级为:中心-部-组-班,本实例的分层结构依照组织结构创建,如图 3-28 所示。

中心 →	部 →	组 →	班
北中心	客服二部	客服二组	常白1班
北中心	客服二部	客服二组	常白1班
北中心	客服二部	客服二组	常白1班
北中心	客服二部	客服二组	常白2班
北中心	客服二部	客服二组	常白2班
北中心	客服二部	客服二组	常白2班

图 3-28 分层结构图

在维度窗口中,将字段【组】直接拖放到另一个字段【部】上(字段的放置顺序会影响上下级关系,可进行拖放调整),在弹出的窗口中键入名称"组织",如图 3-29 所示,单击【确定】。

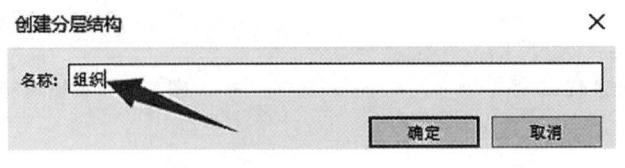

图 3-29 维度窗口

字段【中心】也可以拖放到【组织】分层结构中,最终通过调整得到如图 3-30 所示的结构,【组织】的分层结构为中心-部-组。

分层结构创建后,依然可以通过拖放改变层级顺序,如图 3-31 所示。

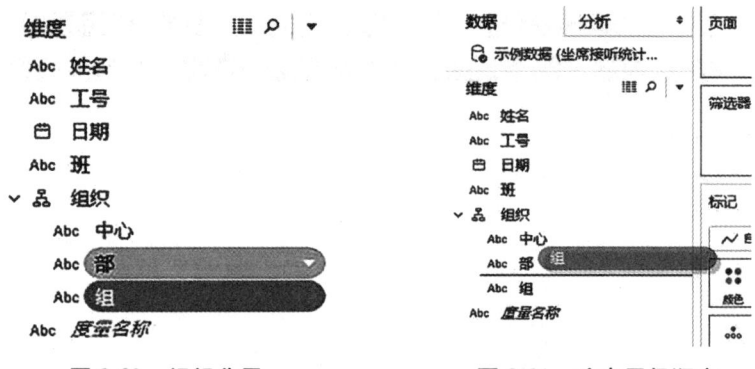

图 3-30　组织分层　　　　　图 3-31　改变层级顺序

【组织】建立后,可按图 3-32 将【组织】拖入"行"以观察不同层级的数据,得到的效果如图 3-33 所示。

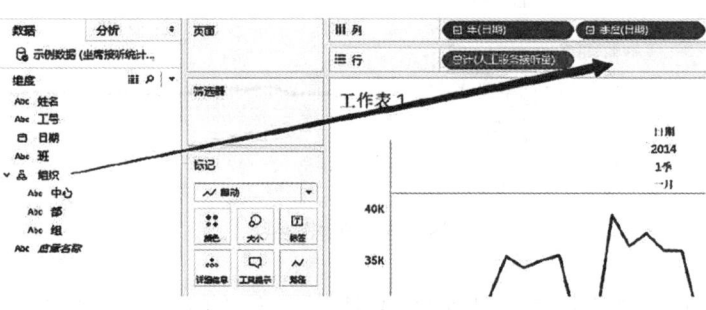

图 3-32　字段拖入工作表

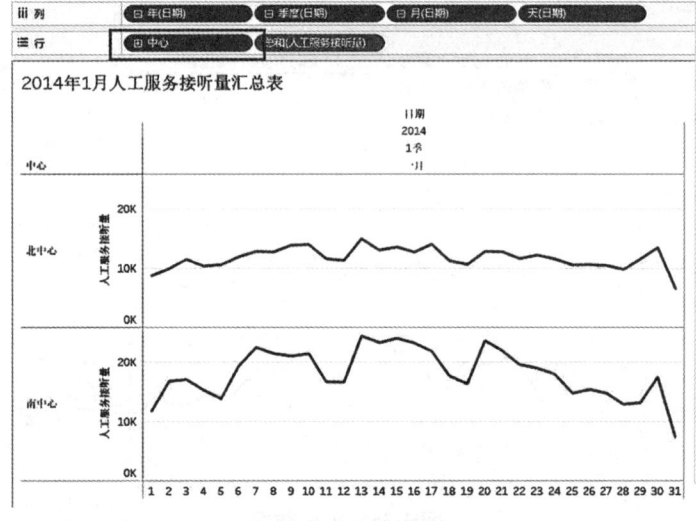

图 3-33　不同层级的数据

分层不同的数据结果是不同的,【组织】建立后,将【组织】拖入行以观察不同层级的数据,如图 3-33 所示。

分层不同得到的数据结果不同,例如将【中心】展开后数据效果如图 3-34 所示。

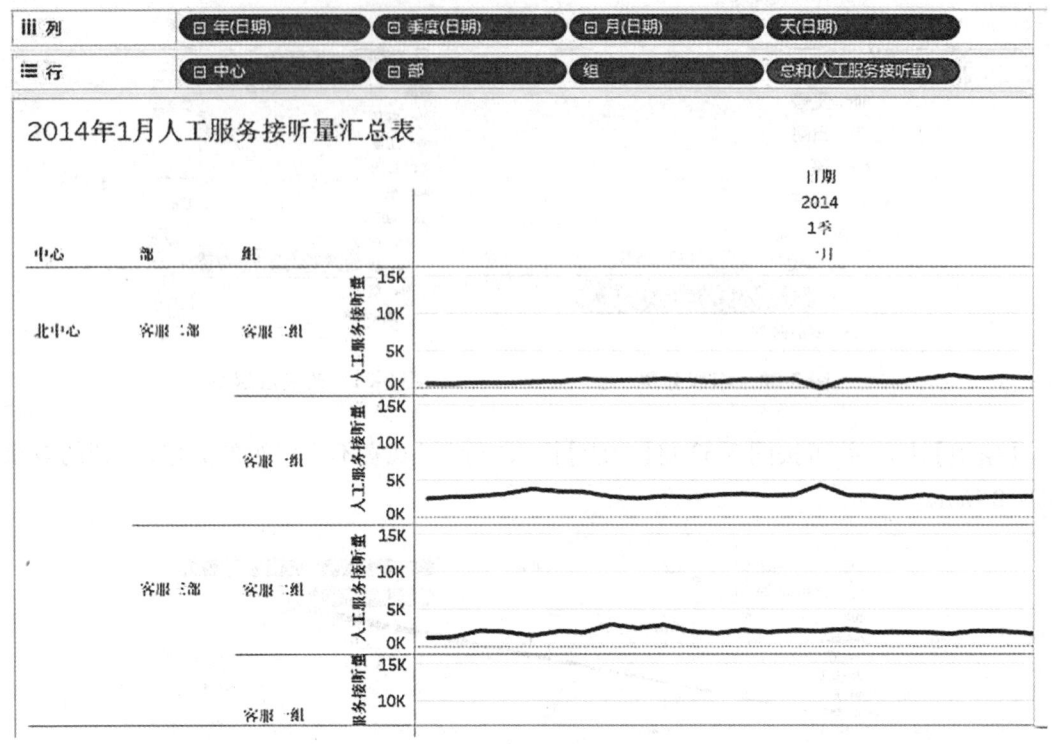

图 3-34　数据效果

维度是类别字段,在本例中就是姓名、工号、组织等字段,这些字段是对数值进行切片和切块的依据,维度是离散的,离散的字段在图表中形成标签,如图 3-35 所示,在数据窗口和视图中显示为蓝色的颜色编码。

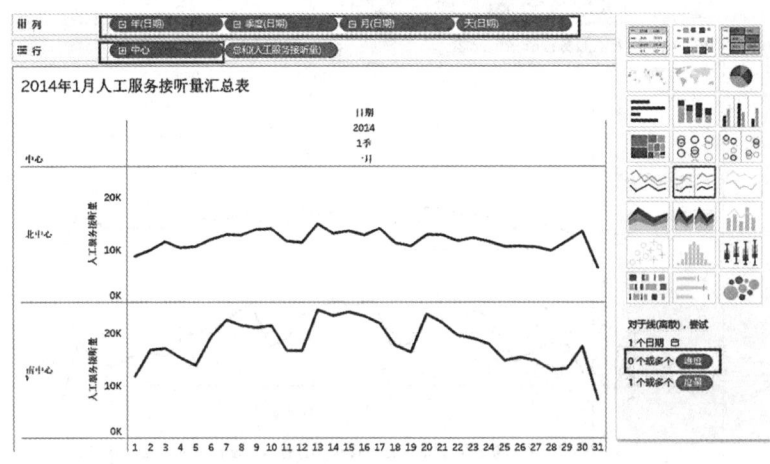

图 3-35　维度数据

度量则是指标,度量常常是连续的,是要分析的数据,连续的字段在图表中形成轴,如图 3-36 所示,在数据窗口和视图中显示为绿色的颜色编码。

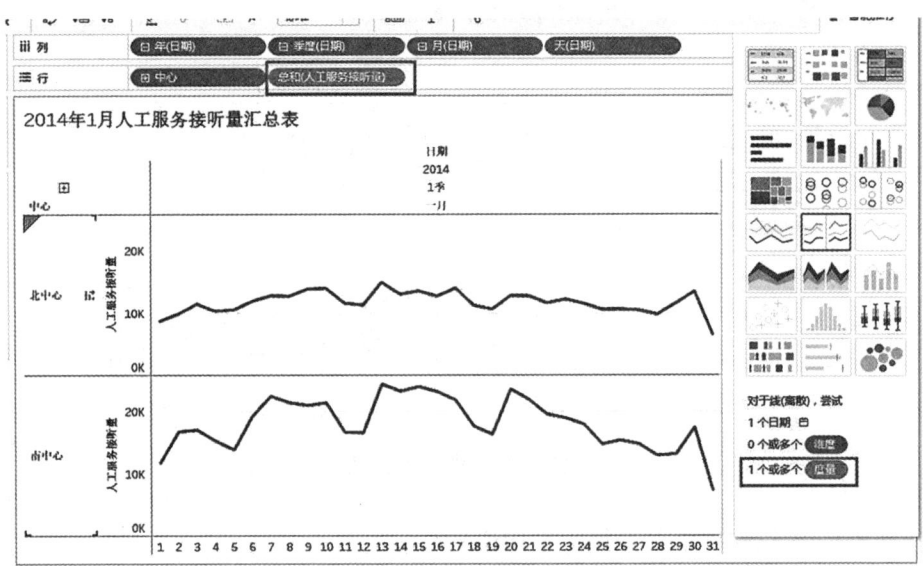

图 3-36　度量数据

如果要对某个维度进行比较,将需比较的维度字段拖动至标记颜色选项即可,例如图 3-37 是对维度字段"中心"比较后的结果。

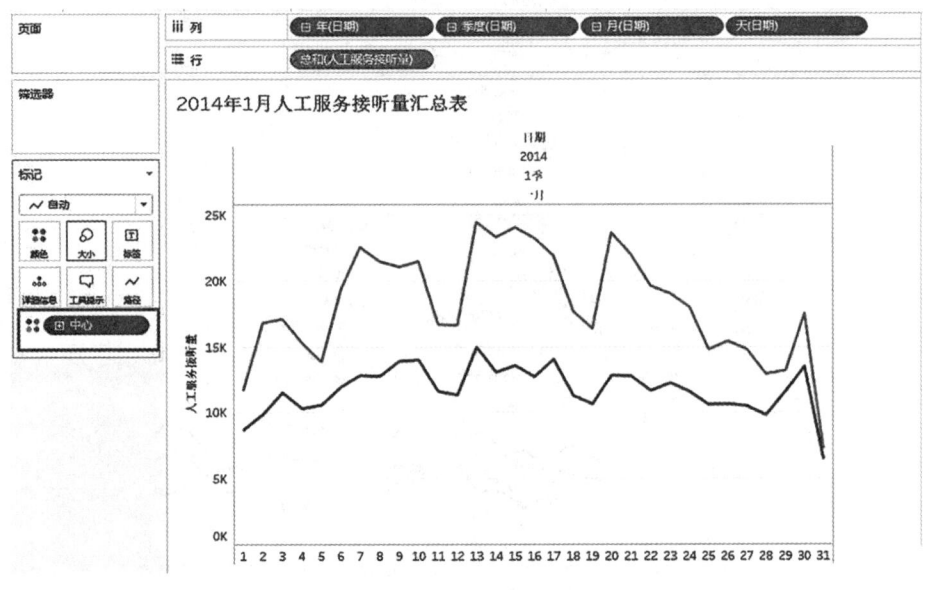

图 3-37　中心比较图

维度除了可以进行中心间的比较,还可以下沉到部门间的比较,从图 3-38 部门间的比较中可以直观地看到,南中心客服一部接听总量较大。

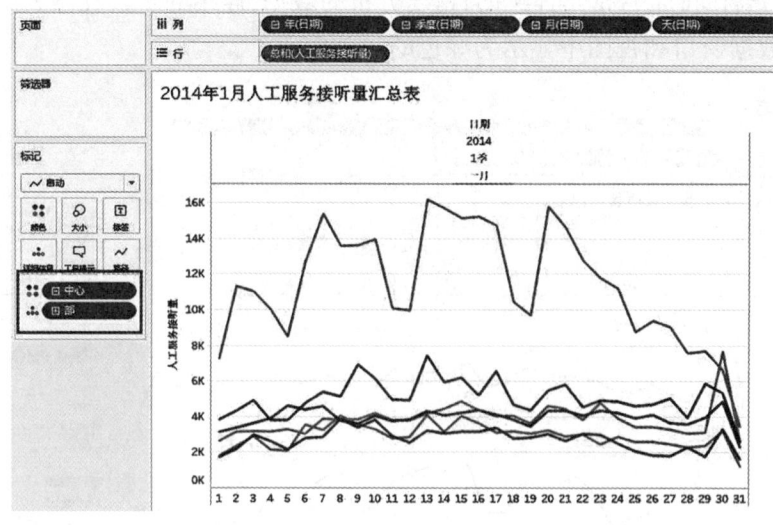

图 3-38 部门比较图

工作任务(2):找到哪个部分接听平均值最高。

度量的比较默认是数据总和,如图 3-39 所示,点击"度量"菜单,把数据总和改为平均值。

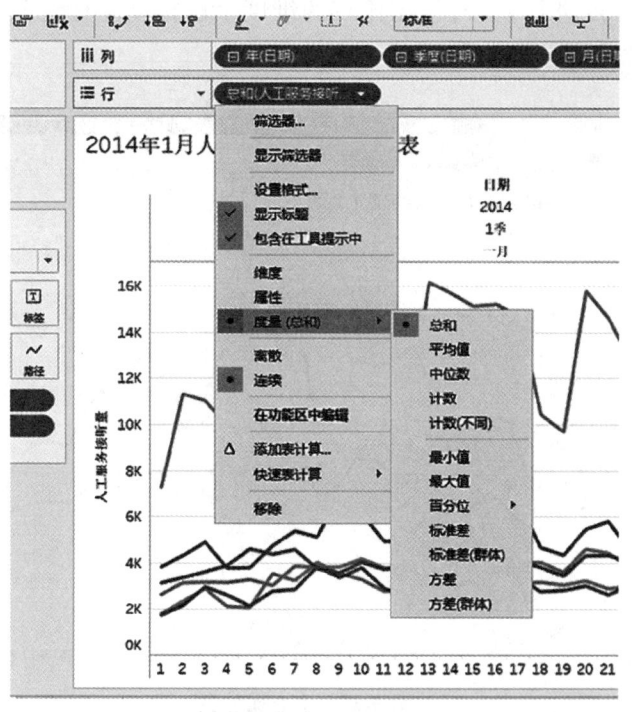

图 3-39 平均值比较

还可以用鼠标选择南中心客服一部,突出其显示,重命名工作表为"各部门接听平均值",得到如图 3-40 所示的比较结果。

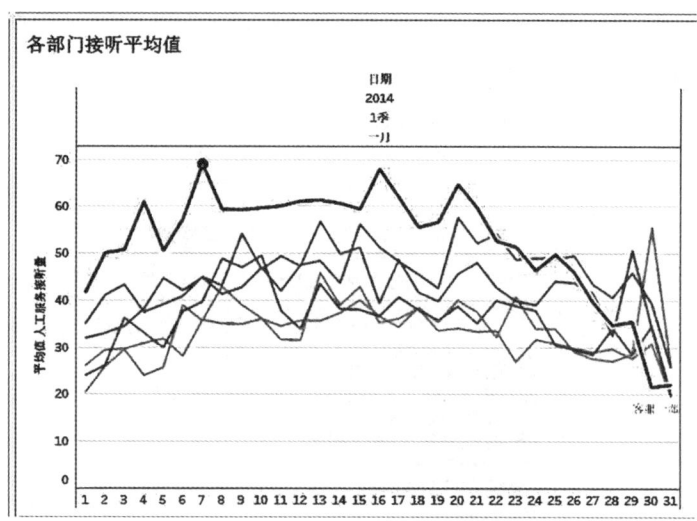

图 3-40　突出显示平均值比较

通过在行列中引入不同的维度和度量可以得到不同的数据分析,这使数据分析员能在多种数据分析图表中找到最合适的。进一步分析各图表之间的多种关系从而找到需要的关键结果。例如前面工作环节得到 13 日这一天是接听量最多的,南中心客服一部是接听量最多的部门,但 13 日并不是南中心客服一部接听量最高的(最高接听量是 7 日)。

4. 数据清洗

由于拿到的原始数据可能有些凌乱,例如客服座席接听数据维度值中【中心】、【部】、【组】数据完整,但【班】数据比较凌乱,如果直接统计会影响统计结果。这里需要对【班】数据进行分组。具体步骤如下。

分组方式 1:(1) 创建一个新的统计,分别将【班】、【人工服务接听量】拖入行、列,系统智能分配为条形图,如图 3-41 所示。

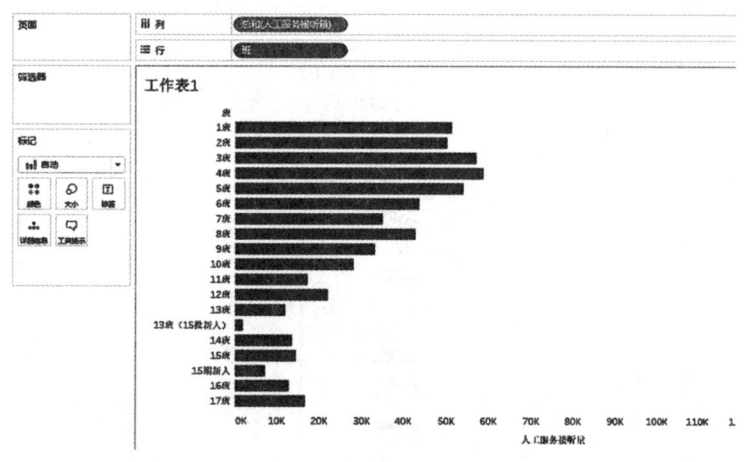

图 3-41　条形图

在图 3-42 中,13 班与 13 班(15 批新人)应当属于一个班,15 班与 15 期新人也应当属于一个班。

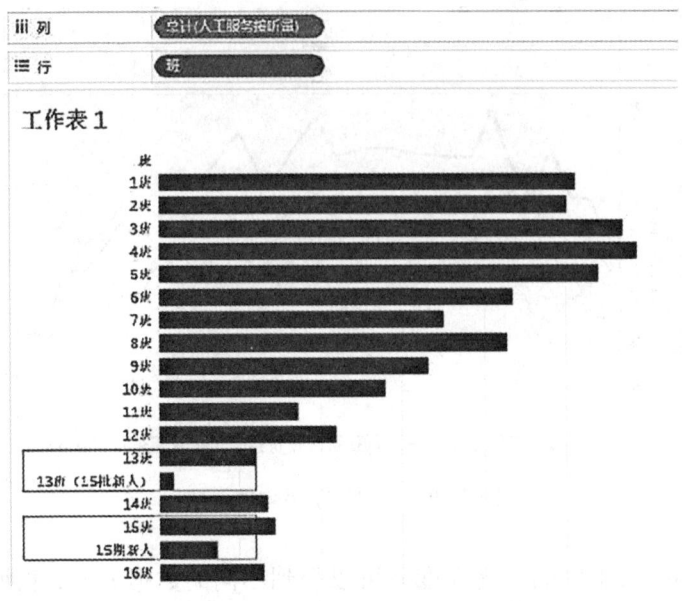

图 3-42　2 个班比较图

(2)按住【Ctrl】键同时选取【13 班】与【13 班(15 批新人)】,点击右键,点选【组】,如图 3-43 所示。

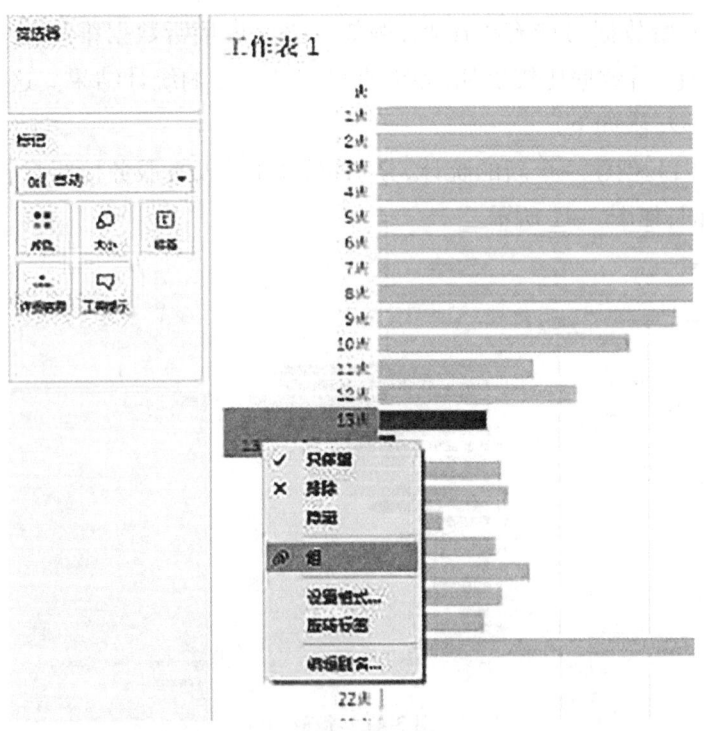

图 3-43　选择组

（3）右键点击该组，点选【编辑别名】，如图3-44所示，修改名称并确定。

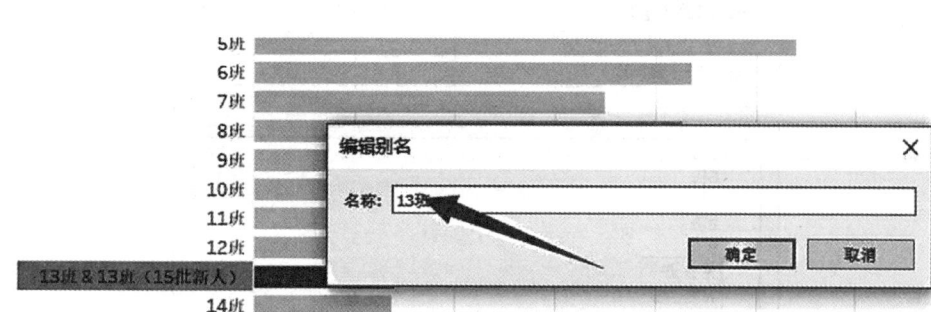

图 3-44 编辑别名

若需取消分组，只需按照图3-45所示，右键点击分组，点选【取消分组】即可。

同理，可对【15 班】与【15 期新人】做分组。

分组方式2：（1）分组的第二种方法在维度窗口进行，对刚才创建的组继续进行编辑，如图3-46所示，选择【分组】里的【按数据源表】。

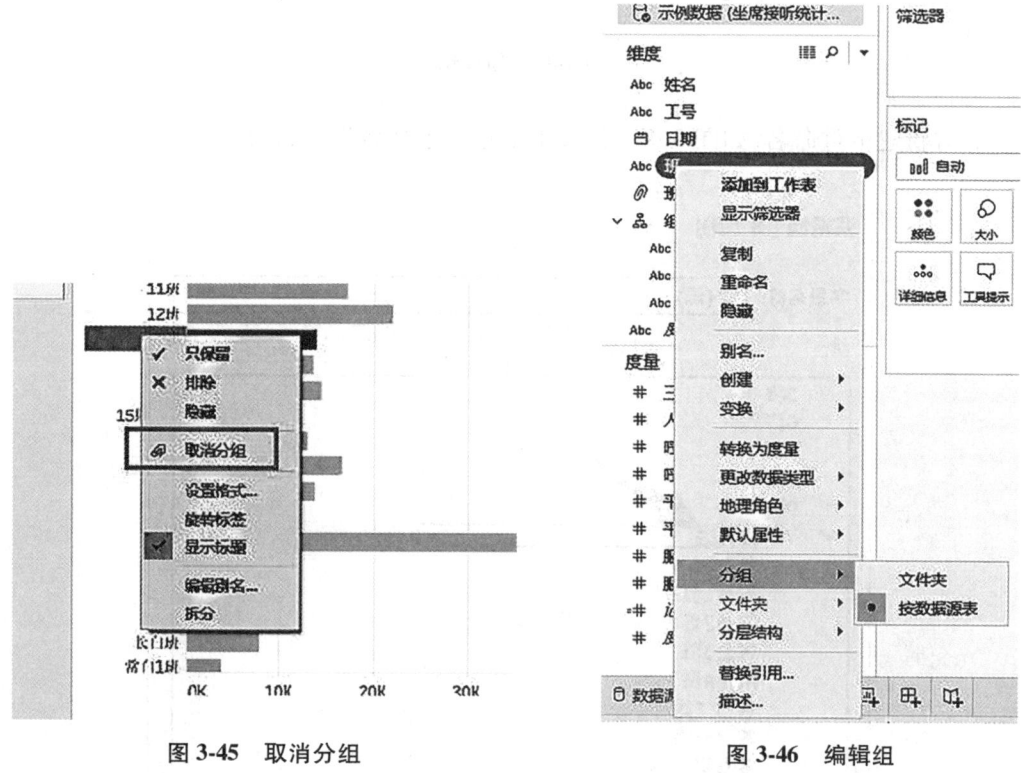

图 3-45 取消分组　　　　　　图 3-46 编辑组

（2）然后在创建班（组）框中选择需要创建的组，如图3-47所示，把常白班分为一组，点击分组。

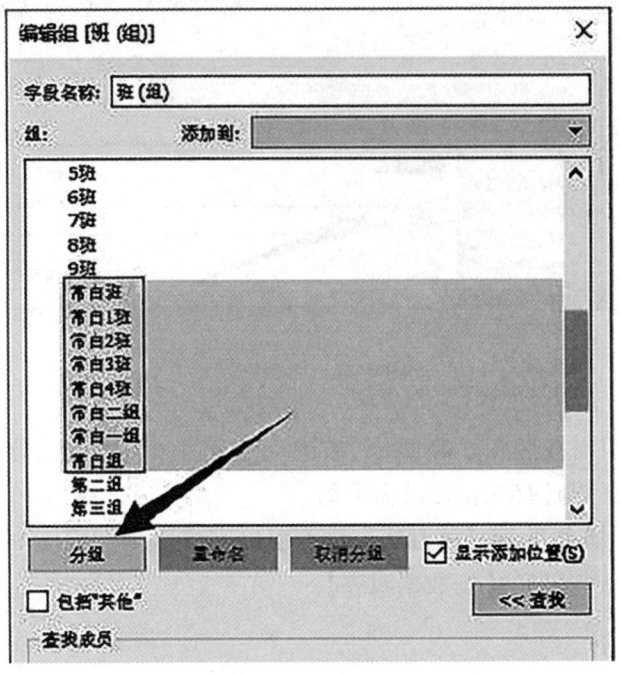

图 3-47 创建组

(3) 对新建组重命名,如图 3-48 所示,将新建组重命名为"常白组"。

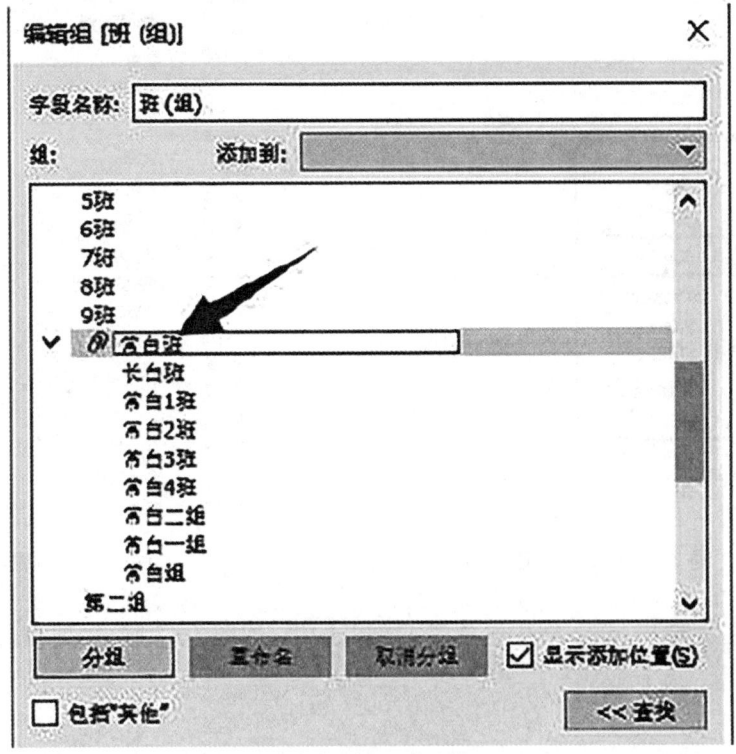

图 3-48 组重命名

同理,可以把运行班全部分为一组,剩下的个别班级全部分为其他组。

可以对分组进行比较,下图为分组后数据,如图 3-49 所示。

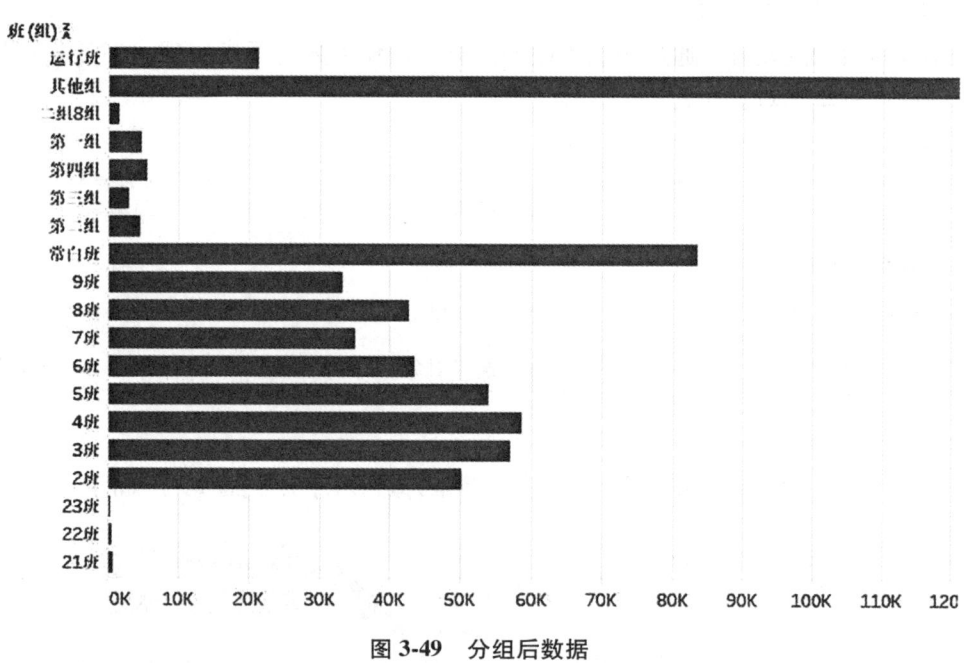

图 3-49 分组后数据

图 3-50 所示为分组前数据。

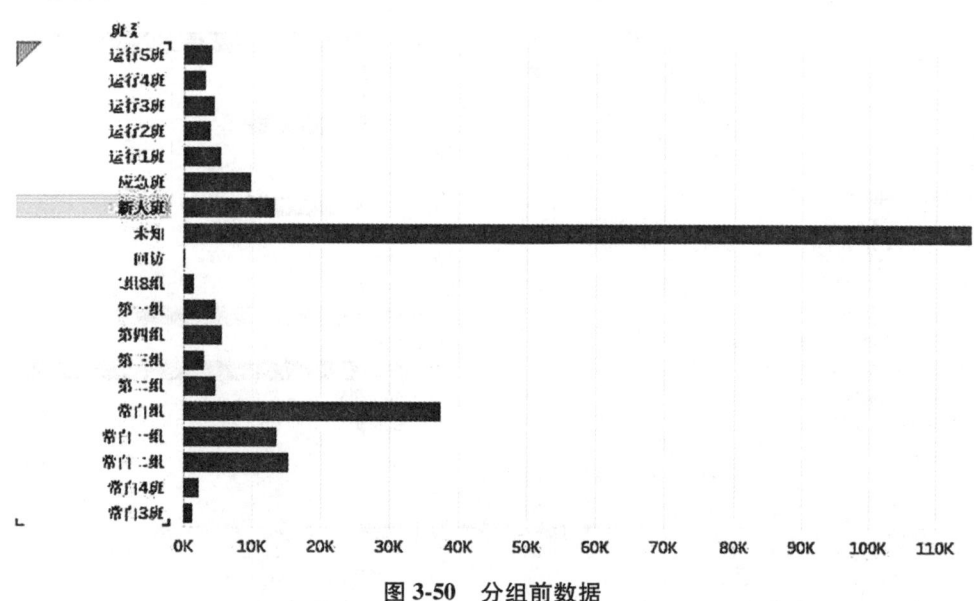

图 3-50 分组前数据

在实例中【班】是重要的度量类别,在后续分析中需要对【班】进行详细分析,若直接使用原始数据则会对后续的数据分析结果造成影响。这里进行【班】的分组是对原始数据的数据清洗,为后续数据分析做好准备。

5. 根据数据集进行统计

对不同对象的选取可以通过选取维度的部分成员作为数据子集实现。集分为常量集和计算集。这两种集的对比如表 3-6 所示。

表 3-6 集对比

	常量集	计算集
随着数据变化	否,静态集	是,动态集
允许使用的维度数量	单个或多个维度	单个维度
创建方式	在视图中直接选择对象创建集	数据窗口右键单击维度创建集

1)常量集的创建

首先导入数据,进入工作表,将【人工服务接听量】拖到列,【工号】拖到行,如图 3-51 所示。

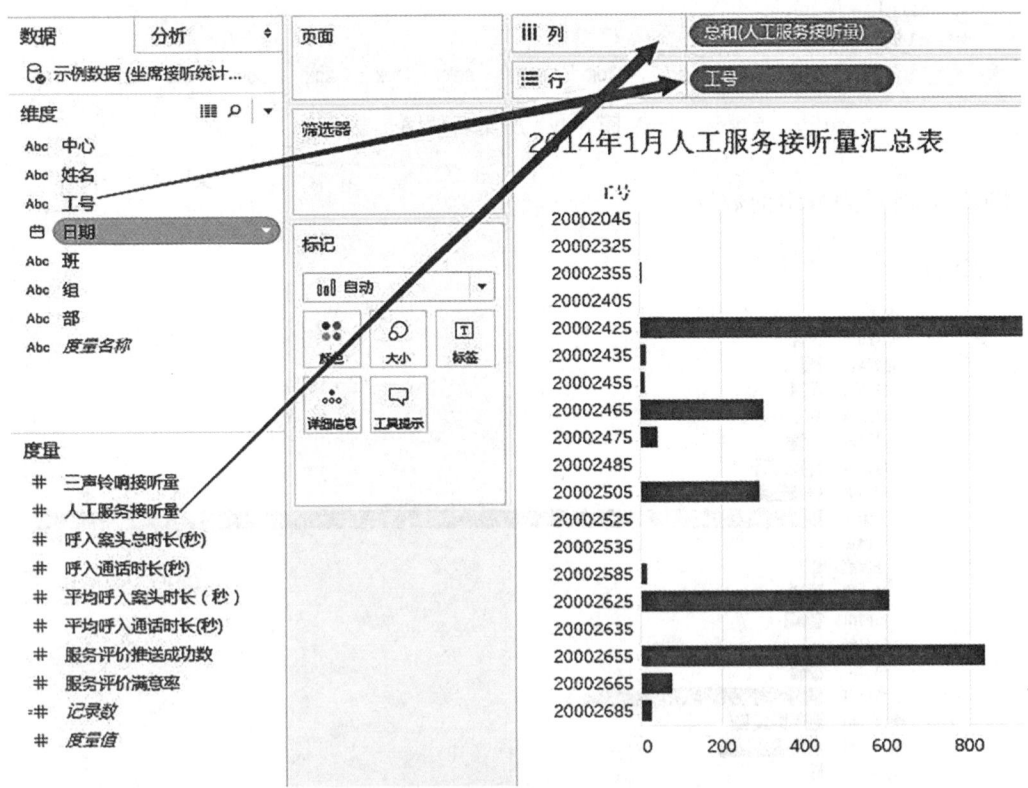

图 3-51 字段拖入工作表

如图 3-52 所示将【人工服务接听量】度量方式改为平均值。

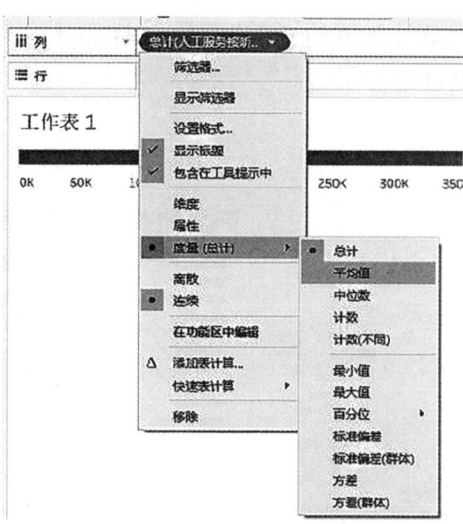

图 3-52 度量改为平均值

然后选择图 3-53 中降序排列图标对工作表作降序排列。

再用鼠标拖选前 10 名员工,在如图 3-54 弹出的工具提示上,点击【创建集】选项。

图 3-53 降序排列

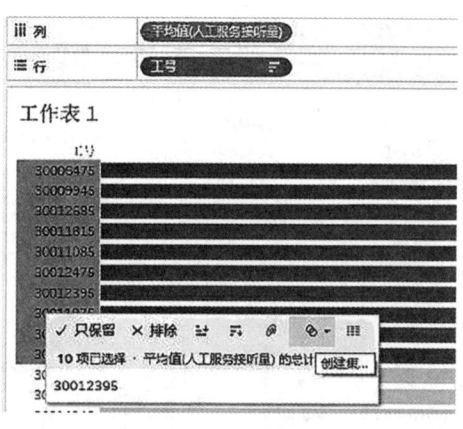

图 3-54 创建集

在如图 3-55 所示的【创建集】对话框中,录入名称"平均每日人工服务接听量降序排名前 10 名员工",点击【确定】。

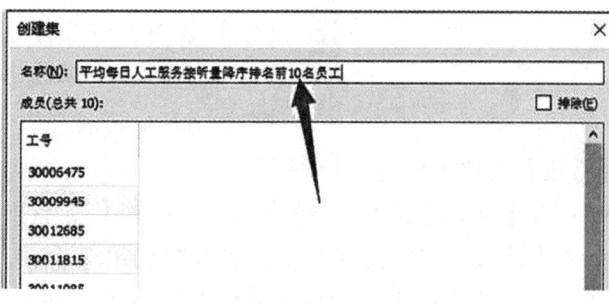

图 3-55 录入名称

在工作表左下角会出现如图 3-56 所示的"集",这样第 1 个集"平均每日人工服务接听量降序排名前 10 名员工"就创建好了。

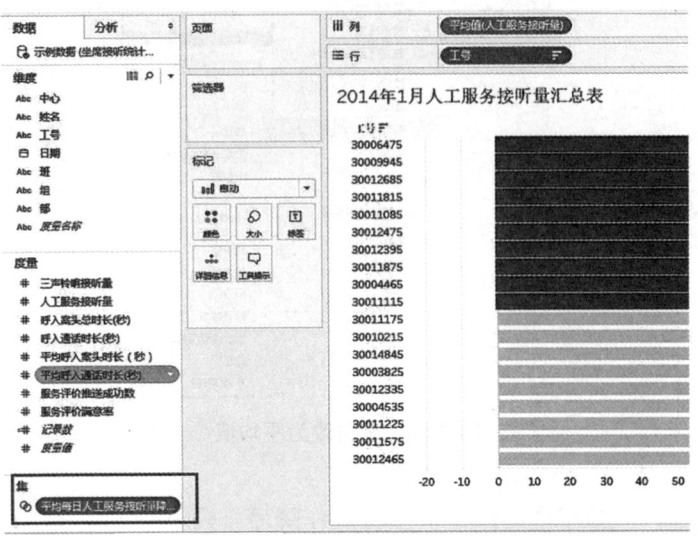

图 3-56　集效果

Tableau 在数据窗口底部显示集,并使用作为图标。集能够用于计算,参与计算字段的编辑。

2)计算集的创建

接下来,本实例再创建第 2 个集:"出勤天数"由高到低排行前 1 000 名员工,这个集属于计算集。

在创建计算集之前,先梳理员工"出勤天数"的计算方式。数据中每一行记录是特定"工号"员工在某一天的座席接听统计数据,那么该工号在所有记录中出现的总行数就是该员工的出勤天数。

首先右键点击【工号】,点选【创建】→【集】,如图 3-57 所示。

如图 3-58 所示在弹出的【创建集】对话框中,键入名称"出勤天数降序排名前 1 000 名员工",并在【常规】选项卡中选择【使用全部】。

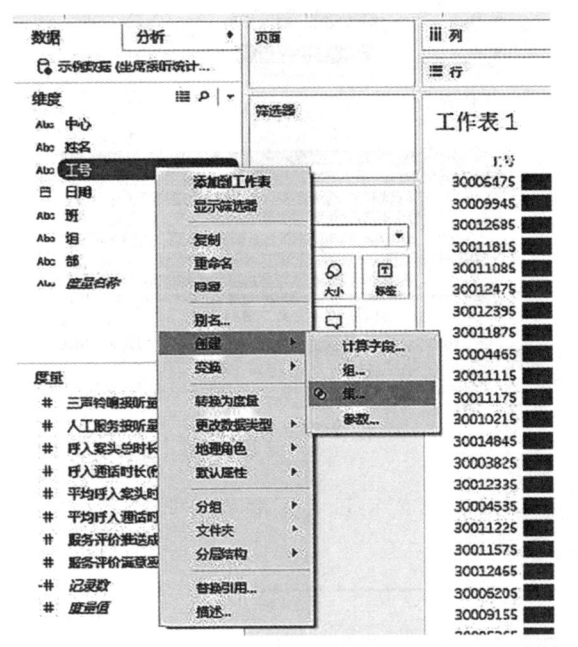

图 3-57　创建集

然后参照图 3-59 点击【顶部】选项卡进行设置,选择【按字段】→【顶部】→填入"1 000",以及【工号】→【计数】,点击【确定】后即可得到第 2 个集,如图 3-60 所示。

计算集还可按照"条件"进行设置,以实现对某个字段的值进行筛选,操作类似于筛

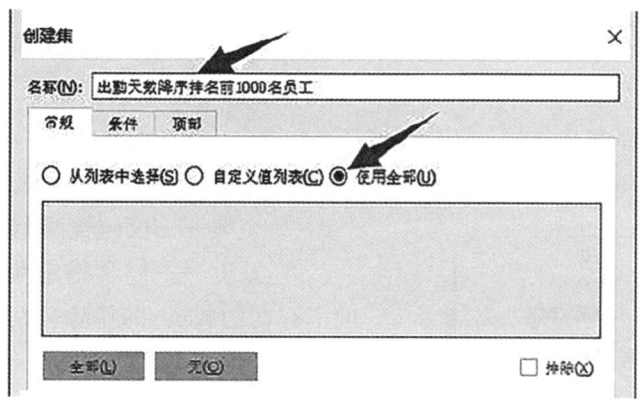

图 3-58　命名集

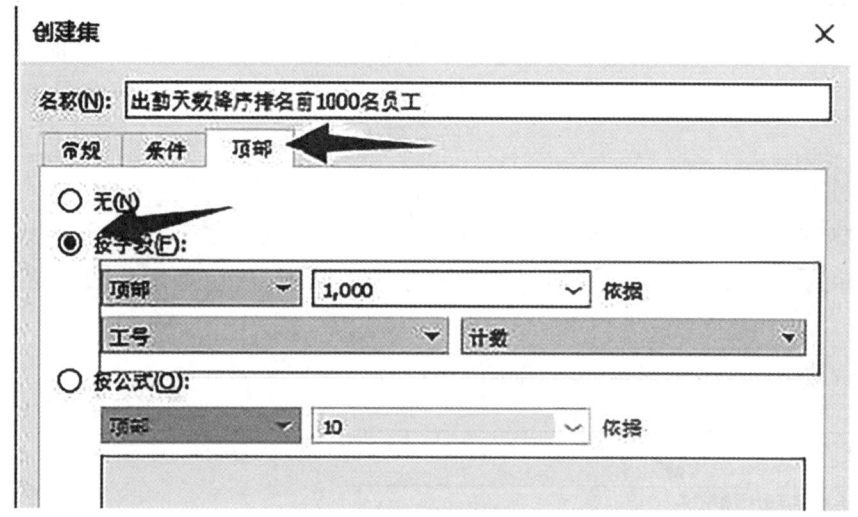

图 3-59　集设置

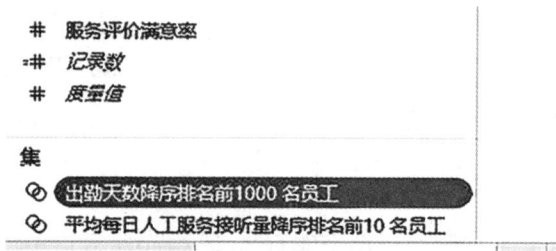

图 3-60　集效果

选器。

通过以上创建过程可见,计算集对大量数据创建更为方便,同时能随着导入数据的变化动态变化,而常量集不论导入数据如何变化都是所选择的固定成员。

3）合并集的创建

集的创建基于一定的条件,如果需要利用多条件创建集,可以分别创建多个集,然后创建合并集。

集的合并有 3 种方式:

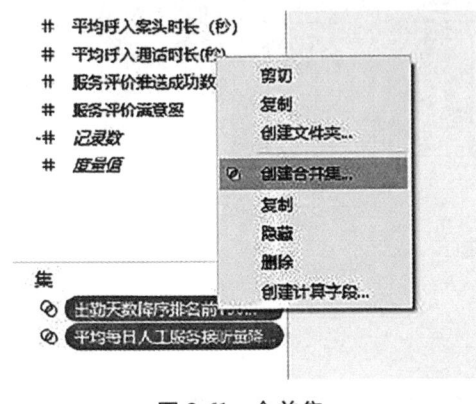

① 并集——包含两个集内的所有成员。

② 交集——仅包含两个集内均存在的成员。

③ 差集——包含指定集内存在而第二个集内不存在的成员,即排除公共成员。

下面创建名为"高出勤且高人工服务接听量的员工"的合并集,即出勤天数前 1 000 名且平均每日人工服务接听量为前 10 名的员工。

首先在数据窗口中选择要合并的两个集"平均每日人工服务接听量降序排名前 10 名员工"与"出勤天数降序排名前 1 000 名员工"(按 Ctrl 键后分别左键点击两个集),如图 3-61 所示,点击右键后点选创建合并集。

图 3-61 合并集

在【创建集】框中,键入新创建的合并集的名称"高出勤且高人工服务接听量的员工",确认要合并的两个集在两个下拉菜单中都处于选中状态,然后如图 3-62 所示选择合并方式——【两个集中的共享成员】。

合并后的集即在数据窗口显示,如图 3-63 所示。

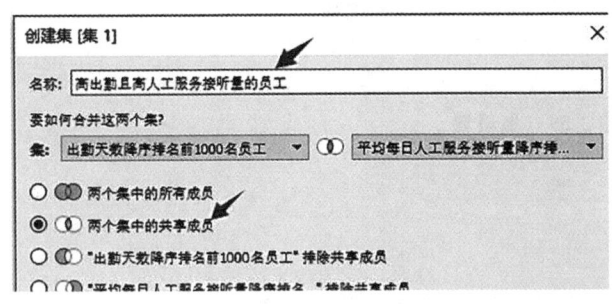

图 3-62 合并集属性　　　　　　图 3-63 合并效果

4）采用"集"完成工作任务

有的工作任务比较复杂用原始数据不能直接完成,需要对数据进行临时加工,放在"集"里,通过调用"集"完成较复杂的工作任务。

现采用"集"完成工作任务"高出勤且高人工服务接听量的员工分析"。分析"高出勤且高人工服务接听量的员工"(以下简称"勤劳员工")在各个中心、组的分布情况。

首先创建一个各中心、组的员工条形图,如图 6-64 所示,将【中心】、【部】拖到列,【工号】拖到行。

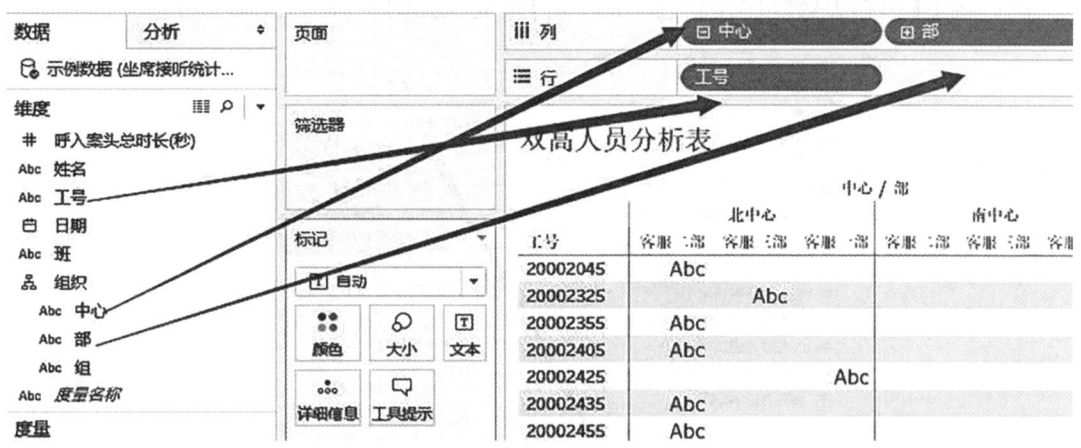

图 3-64　字段拖入工作表

在如图 3-65 的【警告】框中点击【添加所有成员】。

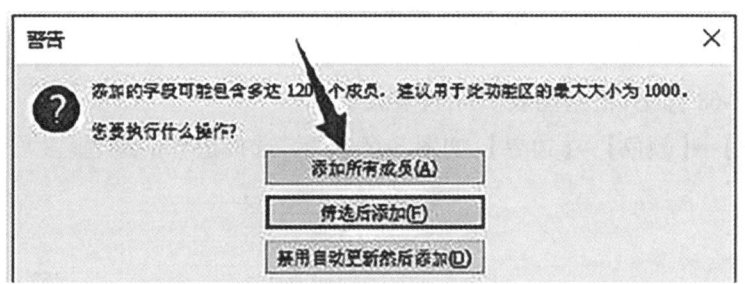

图 3-65　添加所有成员

参照图 3-66 将行功能区【工号】的度量方式调整为【计数(不同)】。

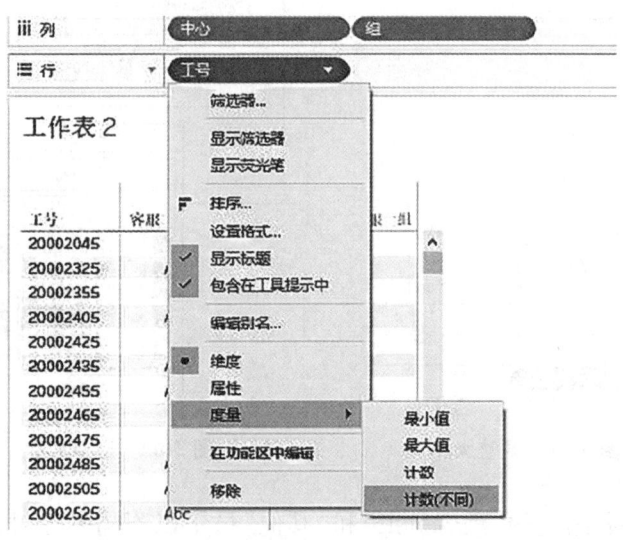

图 3-66　度量方式调整

然后将集【出勤天数降序排名前 1 000 名】拖放到如图 3-67 中的【颜色】。

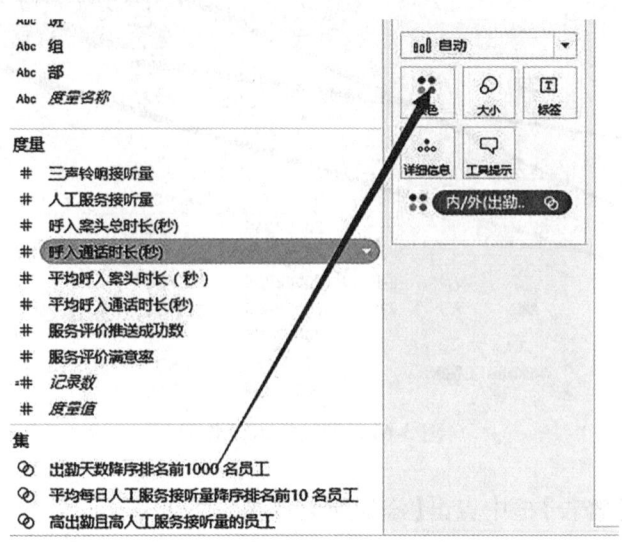

图 3-67　将集拖到颜色标签中

拖动如图 3-68 标记，根据图表实际调整大小。

选择【标记】→【颜色】→【边界】，如图 3-69 所示，选择边界的颜色。

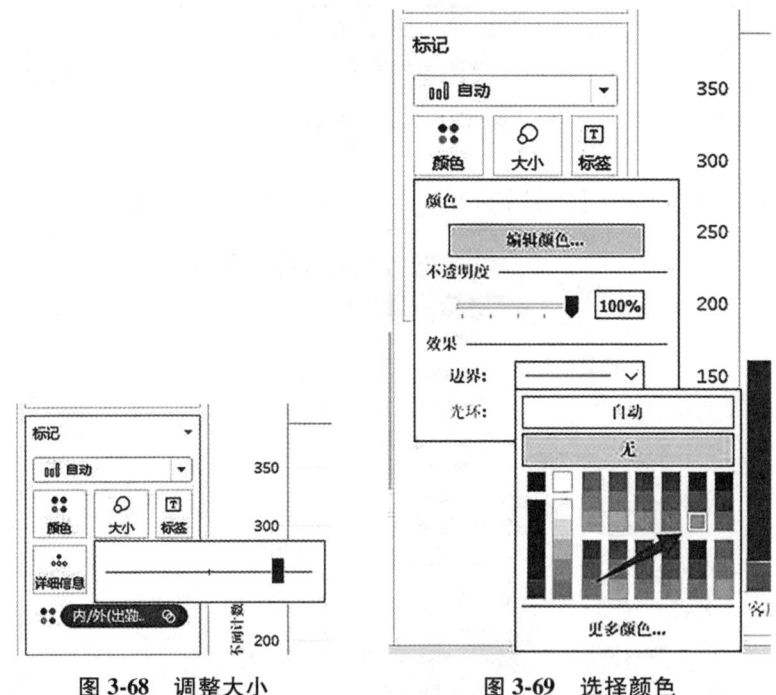

图 3-68　调整大小　　　　图 3-69　选择颜色

为有效区分，将各组内的"勤劳员工"和"其他"员工以不同颜色对比展示，如图 3-70 所示编辑颜色图例别名，集内成员为"勤劳员工"，集外成员为"其他"。

将两个图例名称修改后效果如图 3-71 所示。

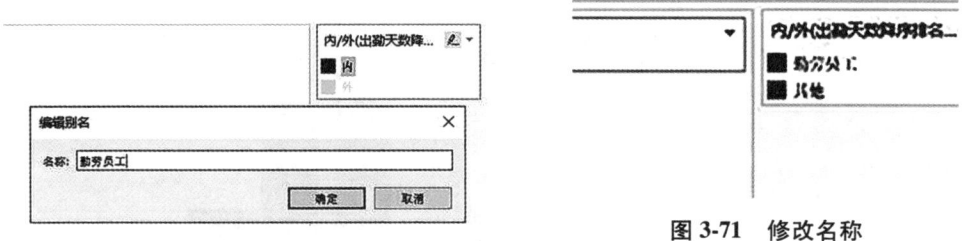

图 3-70 编辑别名　　　　　　图 3-71 修改名称

如图 3-72 所示将记录数拖到【标签】。

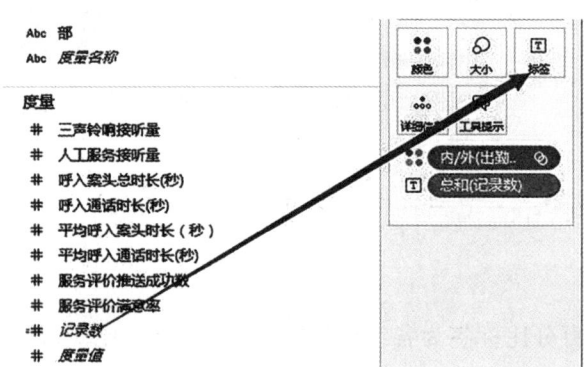

图 3-72 拖动记录

如图 3-73 所示将记录数的标签设置为【快速表计算】→【合计百分比】。

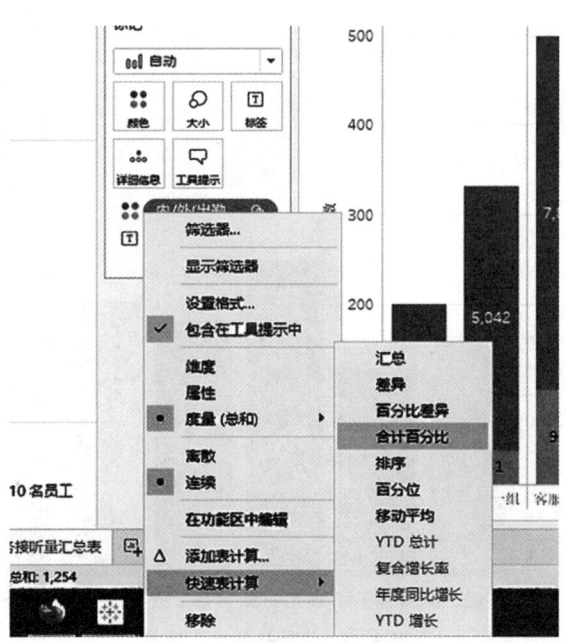

图 3-73 设置快速表计算

再将【快速表计算】的【计算依据】如图 3-74 所示设置为【表(向下)】。

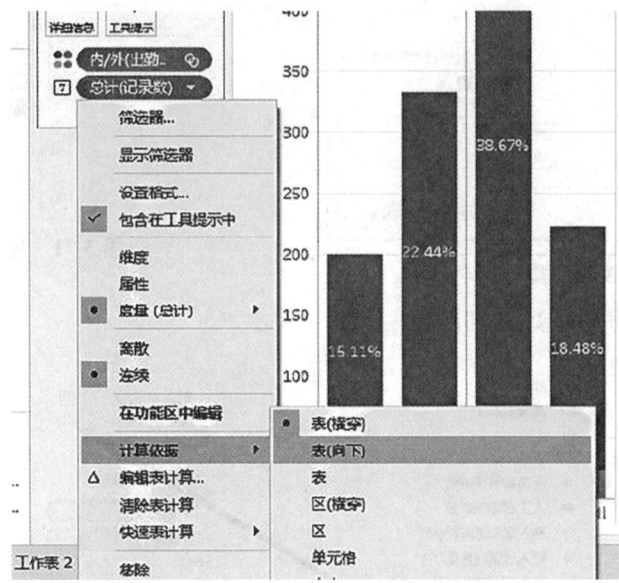

图 3-74　设置依据

此时条形图上的百分比标签为各组内"勤劳员工"所占比例,从图 3-75 中可以得出"勤劳员工"分布在南中心的占比略高于北中心,且南中心客服一部勤劳员工是最多的。

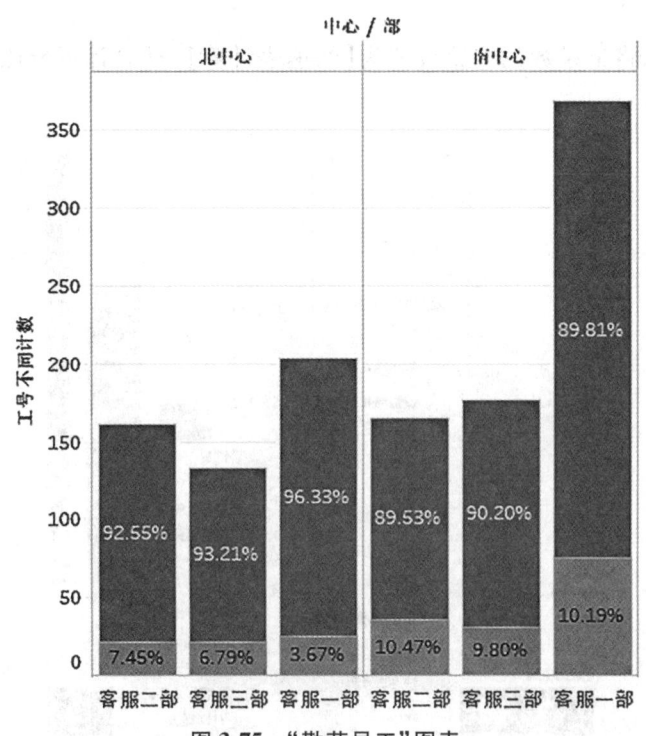

图 3-75　"勤劳员工"图表

对工作任务"南、北中心勤劳员工对比"也采用"集"来完成。将【标记】设置为【饼图】如图 3-76 所示。

图 3-76　设置饼图

如图 3-77 所示,把【中心】拖到【颜色】和【标签】。

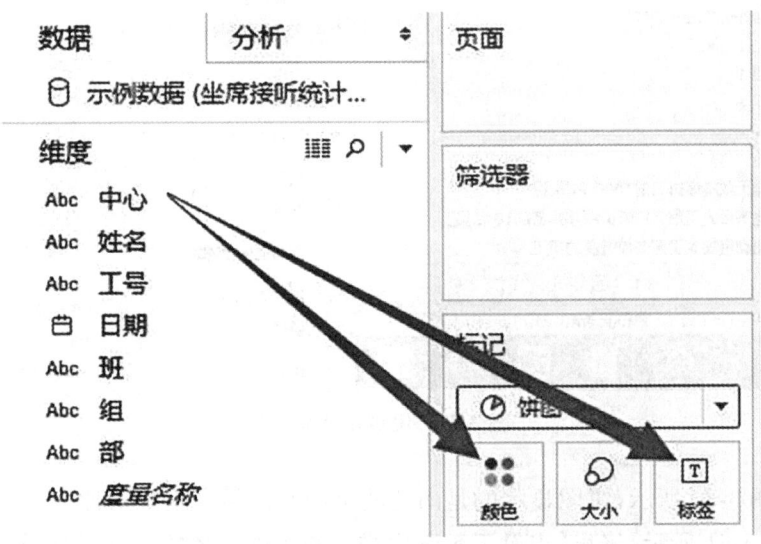

图 3-77　字段拖入标记

如图 3-78 所示,将【记录数】拖到【标签】和【角度】。

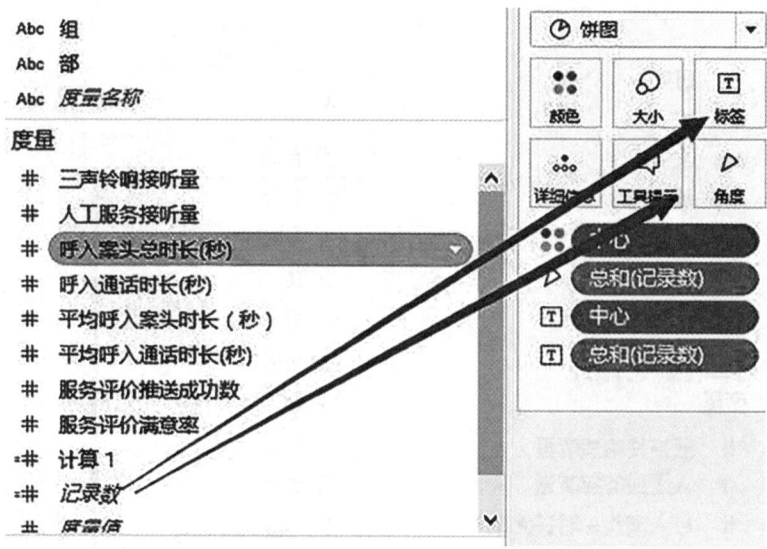

图 3-78　字段拖入工作表

如图 3-79 所示,将【记录数】对应的标签设置为【快速表计算】→【合计百分比】。

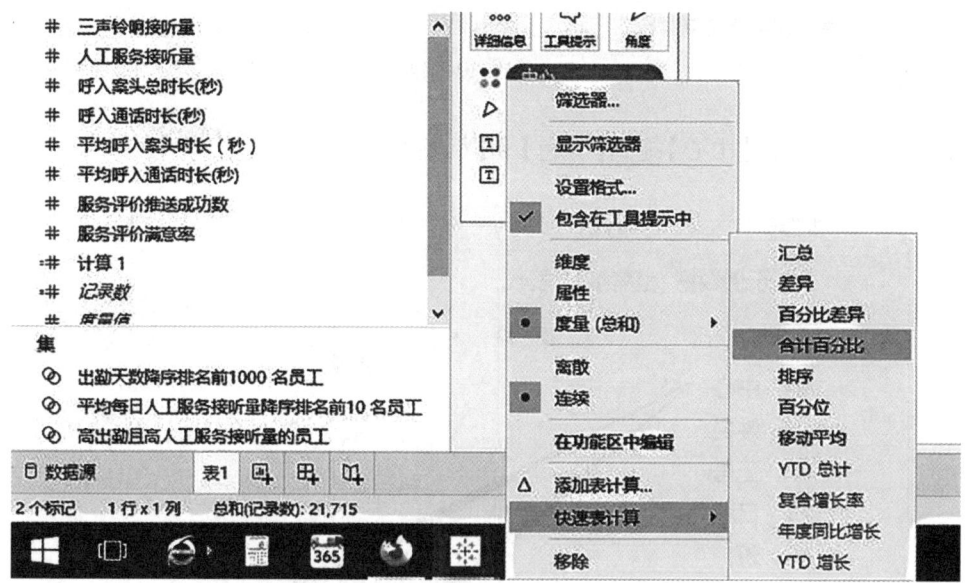

图 3-79　设置快速表计算

此时,如图 3-80 所示,饼图显示的是南北两个中心的员工份额对比。

然后如图 3-81 所示,将集【出勤天数降序排名前 1 000 名员工】拖放到筛选器。

图 3-80　饼图对比　　　　　　　　图 3-81　设置筛选器

此时,图 3-82 的饼图显示的是在出勤天数排名前 1 000 名的员工中,南北两个中心的员工份额对比,重命名为"勤劳员工占比"。

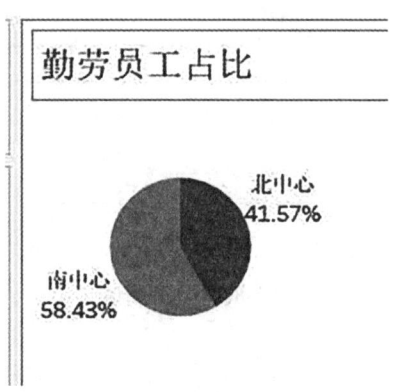

图 3-82　饼图最终效果

6. 根据参数进行统计

工作任务:南、北中心出勤天数降序排名前 100 名,200 名,300 名,…,900 名员工比例。

工作环参数是一种可用于交互的动态值,可以实现上面动态任务,它是实现控制与交互的最常见、最方便的方法,被广泛地运用在可动态交互的字段(计算集、自定义计算字段等)、筛选器及参考线(包括参考区间等),分析人员可以轻松地通过控制参数来与工作表视图进行交互。

参数的创建方式有多种,但总体来说可以归纳为两类:直接在数据窗口中创建;在使用计算集、计算字段、参考线及其他功能时创建。

方法 1:导入数据,进入工作表。参照图 3-83 直接在数据窗口中创建右键点击【服务评价满意率】→【创建】→【参数】。

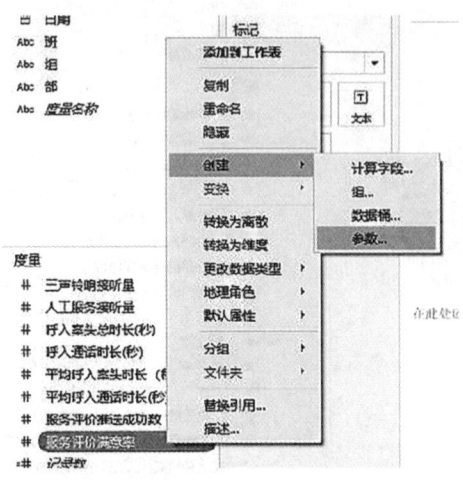

图 3-83　创建参数

如图 3-84 所示,录入参数名称——"服务评价满意率阈值"。

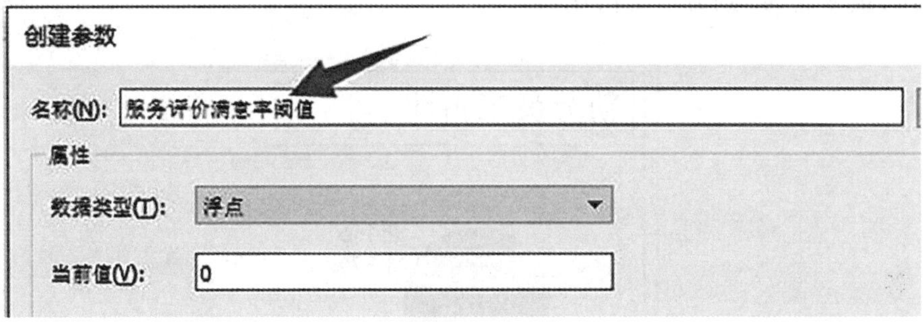

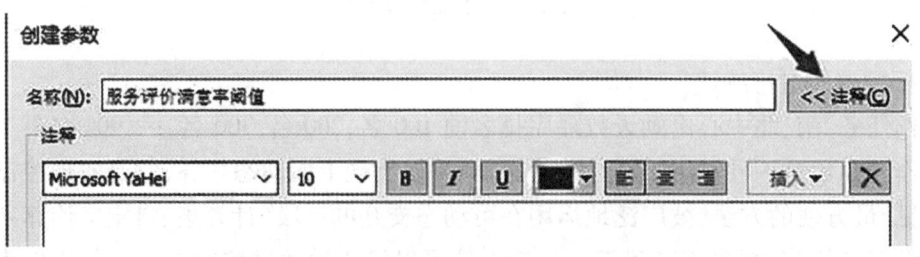

图 3-84　录入阈值

如果有需要,可以点击图 3-85 中的【注释】,加入对参数的注释。

图 3-85　加入注释

然后参照设置图 3-86 参数的数据类型。

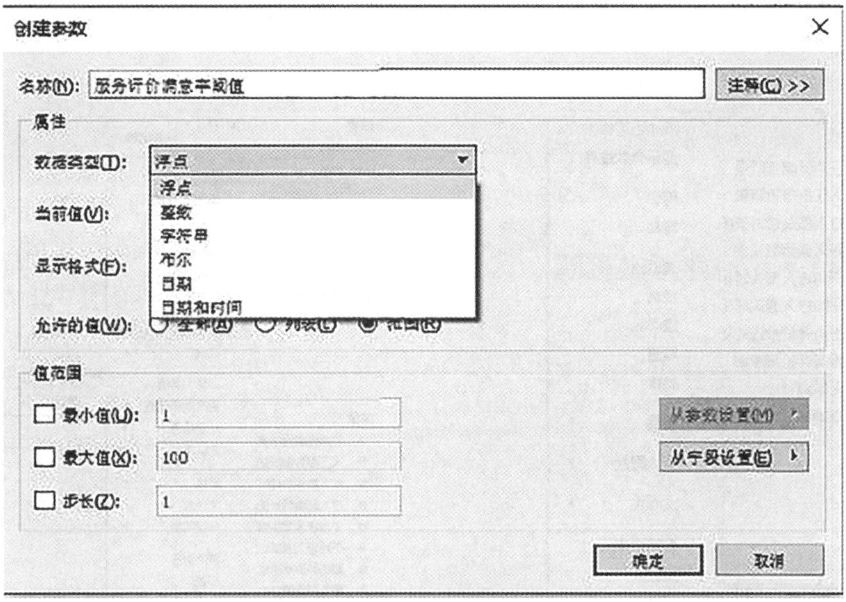

图 3-86 设置参数

如图 3-87 所示,还可将参数的【允许的值】选择为【范围】→【值范围】,其中,【最小值】为 0,【最大值】为 1 000,【步长】为 100。参数创建效果如图 3-88 所示。

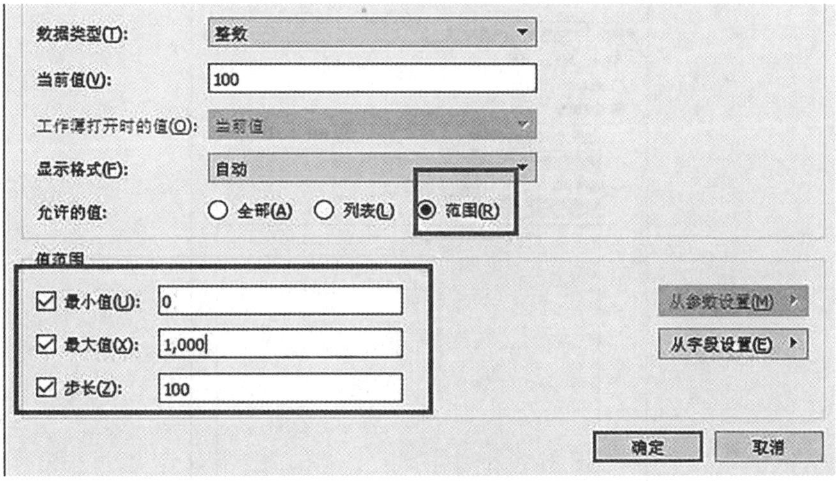

图 3-87 设置参数范围

图 3-88 参数创建效果

参数建立后,可随时对参数进行编辑,如图 3-89 所示。

方法 2:如图 3-90 所示,在使用计算集的场景下创建参数,创建集"出勤天数降序排名前 N 名员工"。

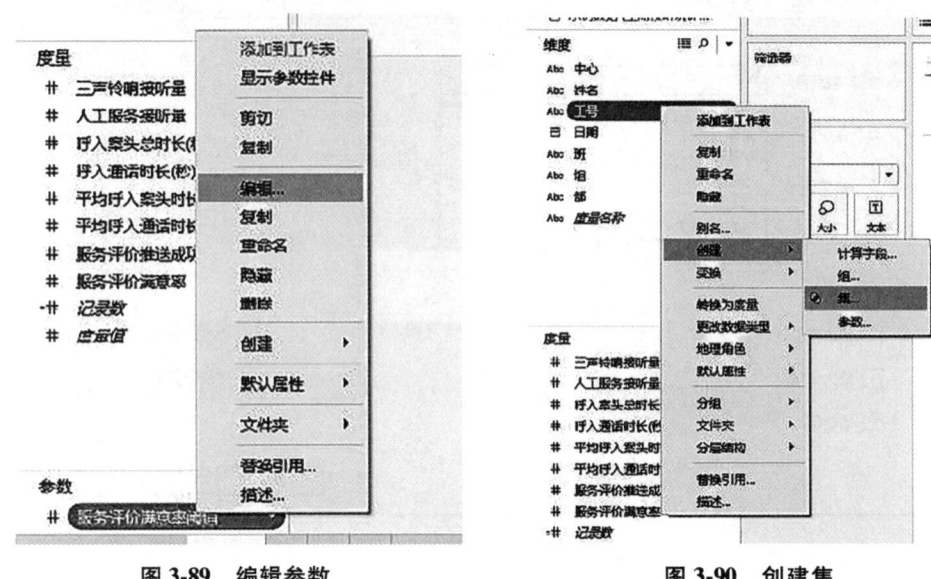

图 3-89　编辑参数　　　　　　图 3-90　创建集

如图 3-91 所示,录入集名称,点选【按字段】,在【依据】中点选【创建新参数】。

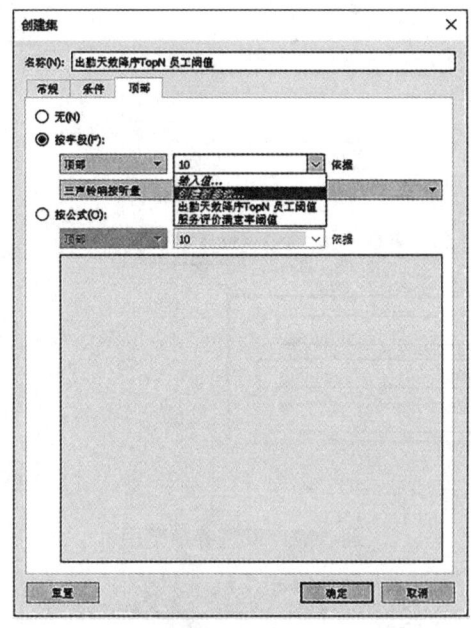

图 3-91　录入值

图 3-92 所示的在【创建参数】对话框中录入参数名称"出勤天数降序 TopN 员工阈值",

数据类型设置为【整数】,【当前值】为100,【允许的值】点选【范围】,设置为1~1 000,【步长】为100,点击【确定】。

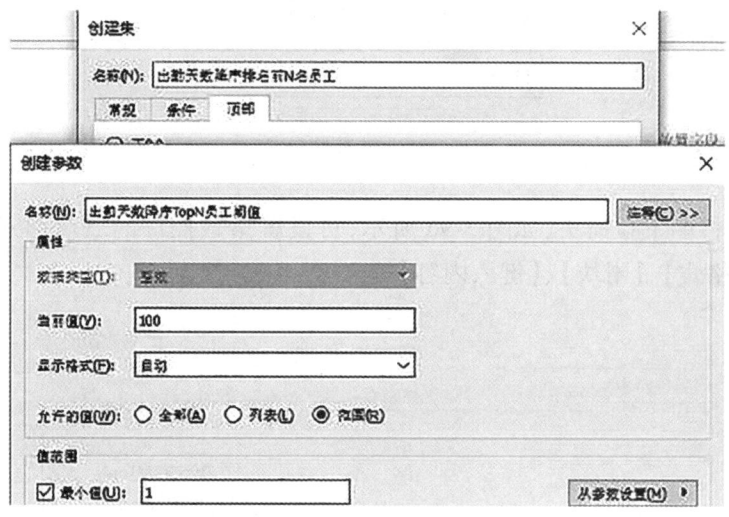

图3-92　设置阈值

参数创建效果如图3-93所示。

图3-93　参数创建效果

如图3-94所示,在数据窗口中右击参数【出勤天数降序TopN员工阈值】,并选择【显示参数控件】。

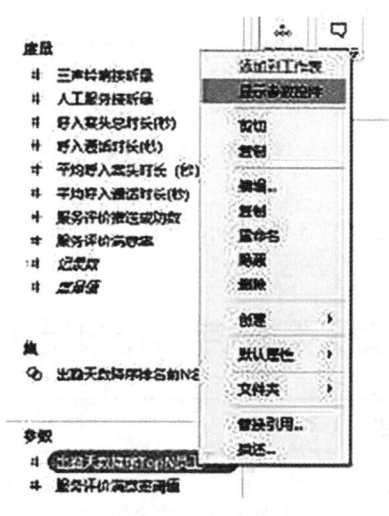

图3-94　参数控件设置

此时参数控件将显示在视图区域的右上角，注意默认值为100，如图3-95所示。

图 3-95　参数控件值

点击参数控件的下拉箭头，如图3-96所示，可设置参数控件的展示形式，包括【编辑标题】、【设置参数格式】、【滑块】、【键入内容】等。

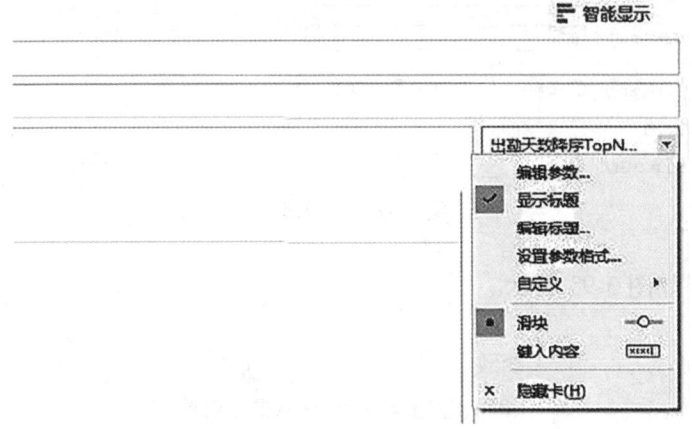

图 3-96　控件展示形式

选择【滑块】选项时参数调整界面如图3-97所示。

图 3-97　滑块效果

选择【键入内容】时的效果如图3-98所示。

图 3-98　效果图

为演示参数（控件）如何进行交互、控制，创建饼图反映南北中心在出勤天数降序排名前 N 名员工中的比例，如图 3-99，将【标记】设置为【饼图】。

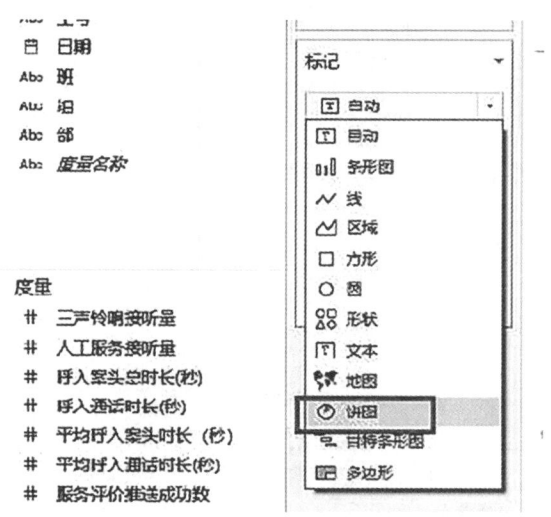

图 3-99　标记饼图

如图 3-100 所示，把【中心】拖到【颜色】和【标签】。

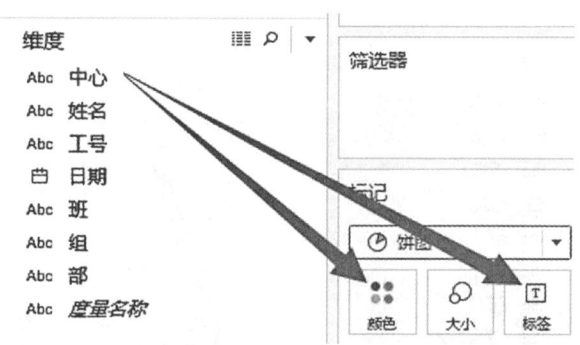

图 3-100　字段拖入标签

如图 3-101 所示，将【记录数】拖到【标签】和【角度】。

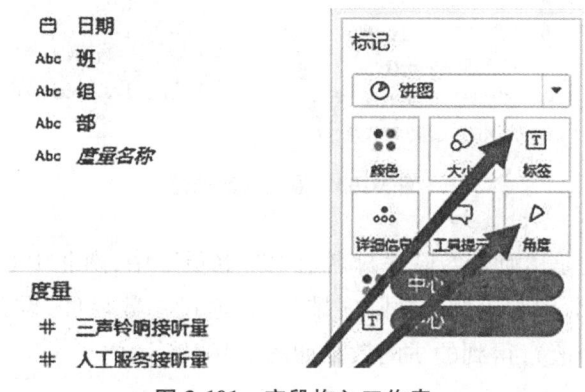

图 3-101　字段拖入工作表

将【记录数】对应的【标签】按如图 3-102 所示设置为【快速表计算】→【总额百分比】。

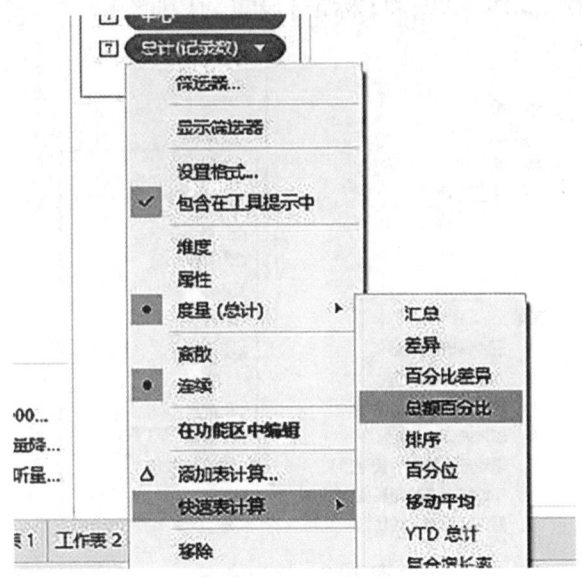

图 3-102　快速表计算

然后如图 3-103 所示,将集【出勤天数降序排名前 N 名员工】拖放到筛选器。

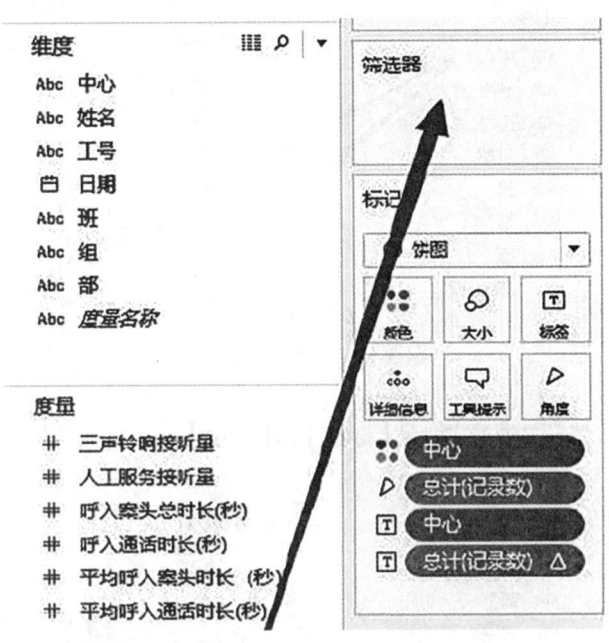

图 3-103　拖放到筛选器

此时,饼图显示的是出勤天数降序排名前 100 名员工中,南北中心员工的分布份额。

重命名表为"南、北中心出勤天数降序排名"。通过参数控件,设置不同的参数值(100,200,…,900,共计 9 个值),得到的饼图效果如图 3-104 所示。

南、北中心出勤天数降序排名：

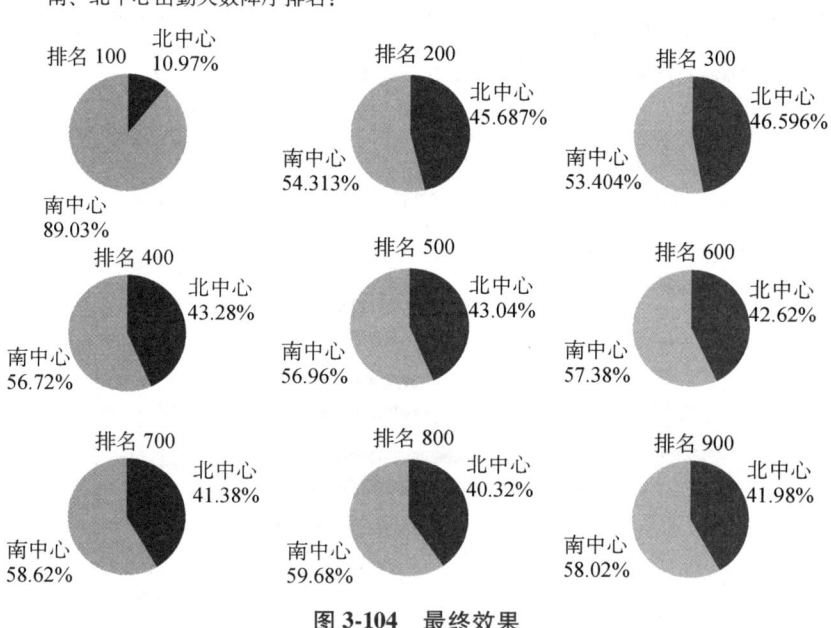

图 3-104 最终效果

7. 根据计算字段进行统计

工作任务：人工接听服务评价满意率对比。

计算字段是根据数据源字段（包括维度、度量、参数等）使用函数和运算符构造公式来定义的字段。

同其他字段一样，计算字段也能拖放到各功能区来构建视图，还能用于创建新的计算字段，而且其返回值也有数值型、字符型等的区分。

计算字段主要的应用场景在利用原始（字段）数据获得所需的数据（字段），如图 3-105 所示，原始数据仅有订单号、销售额、利润率，如果希望分析成本情况，则需要利用销售额及利润率生成计算字段（成本）。

订单 Id	销售额	利润率		成本
CN-2014-3557528	134	1%		
CN-2012-2511714	2222	45%		
CN-2012-5667067	2326	43%		
CN-2015-5909028	2326	43%		
CN-2015-3898543	2092	48%		
CN-2015-3417942	2788	36%		
US-2013-2222921	8369	12%		
CN-2013-2508741	2869	-35%		
US-2014-4842730	6700	15%	→	
CN-2015-1374105	2054	49%		
CN-2012-1958951	875	-115%		

图 3-105 成本图

同参数的创建类似，计算字段的创建方式有两种：直接在数据窗口中创建计算字段；在使用计算集、计算字段、参考线及其他时创建。本节主要介绍如何通过数据窗口创建计算字段的方法。

按照业务逻辑,"服务评价满意数"为"服务评价推送成功数"和"服务评价满意率"的乘积。在数据区右侧点击菜单,如图 3-106 所示,点选【创建计算字段】。

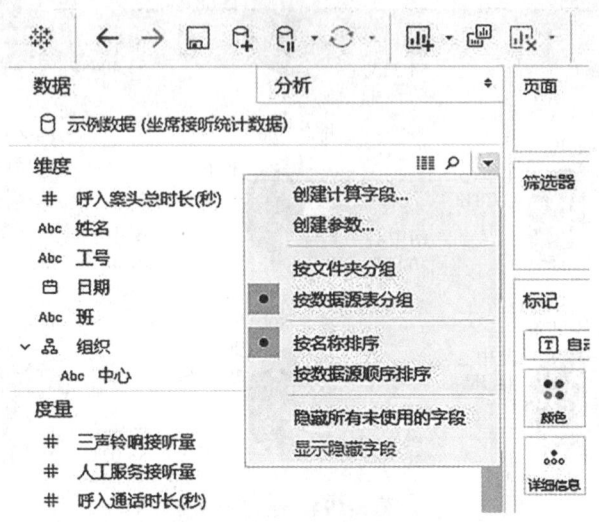

图 3-106　创建计算字段

在如图 3-107 所示的计算字段框的名称栏中录入字段名称"服务评价满意数",在表达式区录入公式。

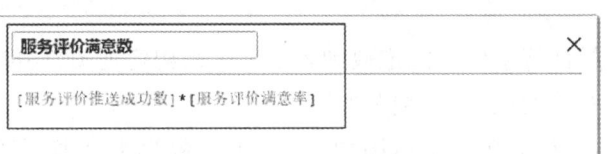

图 3-107　录入公式

创建计算字段编辑表达式时,可如图 3-108 所示直接将相关字段拖入编辑区。

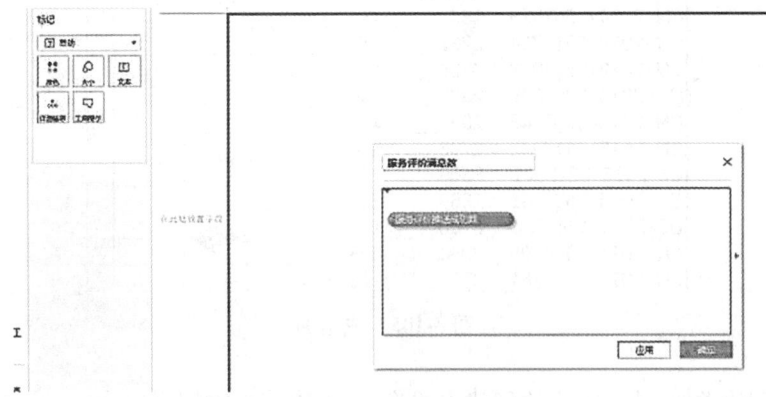

图 3-108　表达编辑区

创建计算字段编辑表达式时，也可采用如图 3-109 所示方法。点击右侧箭头符号使用 Tableau 内置的函数。

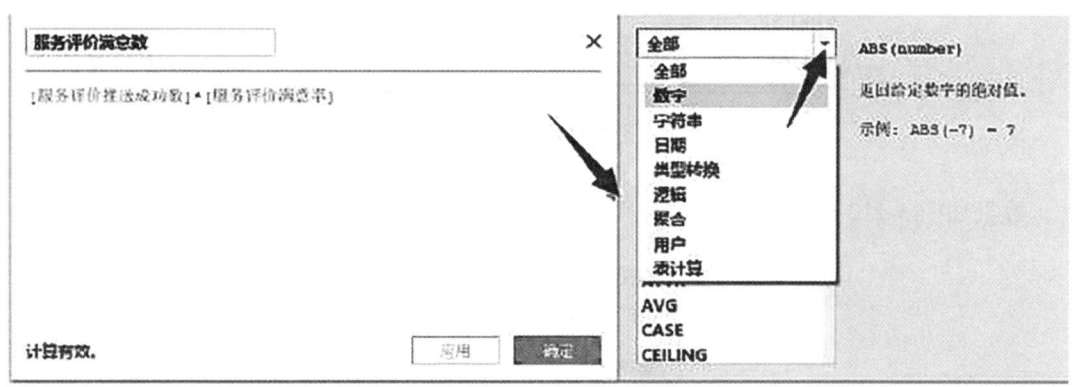

图 3-109　使用函数

本实例使用参数"服务评价满意率阈值"和逻辑函数创建计算字段，生成"满意"和"不满意"两个类别，实现对服务评价满意率的分级，通过调节参数"服务评价满意率阈值"，当"服务评价满意率"大于参数阈值时，服务分级为"满意"，否则为"不满意"，实现灵活分级。

如图 3-110 所示在数据区域任意空白处单击右键，点选【创建计算字段】。

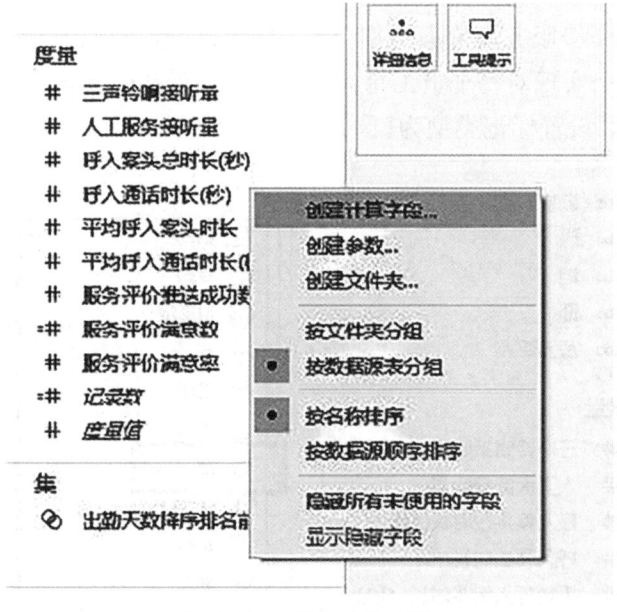

图 3-110　创建计算字段

在计算字段框的名称栏中录入字段名称"满意分类"，参照图 3-111，在表达式区录入语句。

```
1  IF [服务评价满意率]>[服务评价满意率阈值]
2  THEN '满意'
3  ELSE '不满意'
4  END
```

图 3-111　录入语句

效果如图 3-112 所示。

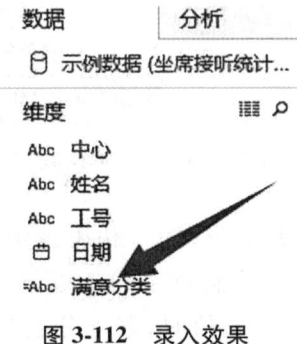

图 3-112　录入效果

Tableau 会自动根据计算字段数据类型将其分配为"维度"或"度量"。计算字段的图标左侧均有"＝"标记。

下面使用计算字段"服务评价满意率分类"与参数"服务评价满意率阈值"来创建服务评价满意率分析视图,实现对每个员工每天的话务接听量和服务满意率进行综合评价。

如图 3-113 所示,设置标记类型为【圆】。

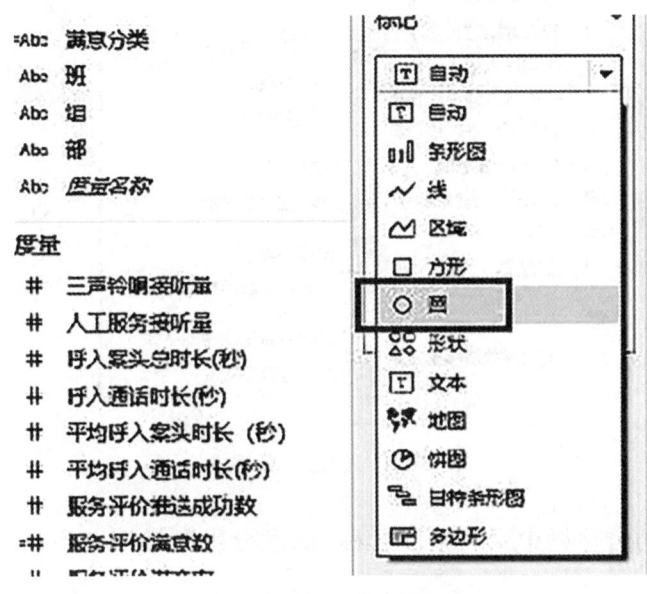

图 3-113　标记圆

如图 3-114 所示,将【服务评价满意率】以及【人工服务接听量】分别拖放到行、列。

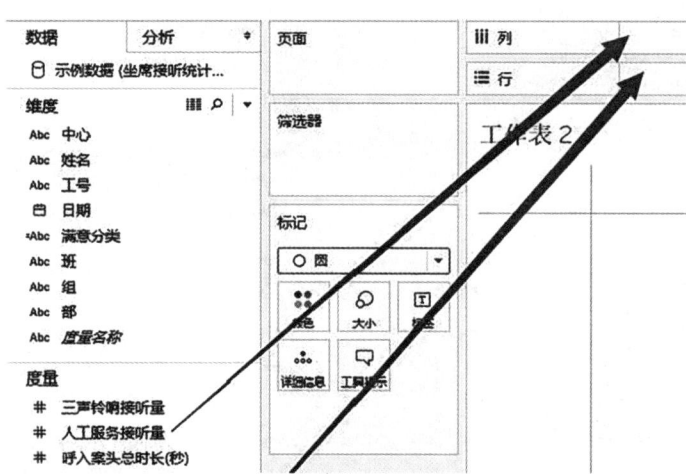

图 3-114　字段拖入工作表

聚合是将一系列数据用一个值表示,解聚合是将某聚合数据还原为原始数据。若需要展示所有数据的散点图,则可选择【分析】→【聚合度量】去掉勾选,如图 3-115 所示。

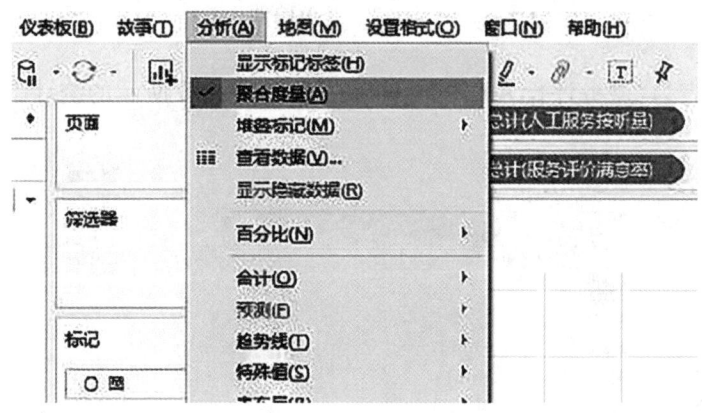

图 3-115　解聚合

将计算字段【满意分类】拖放到【颜色】,如图 3-116 所示。

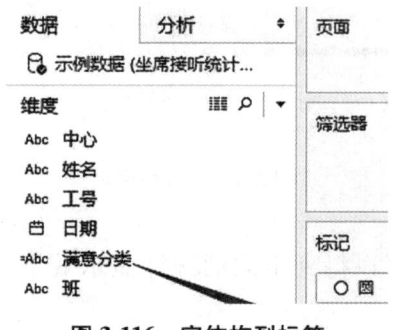

图 3-116　字体拖到标签

如图 3-117 所示,设置显示参数控件【服务评价满意率阈值】。

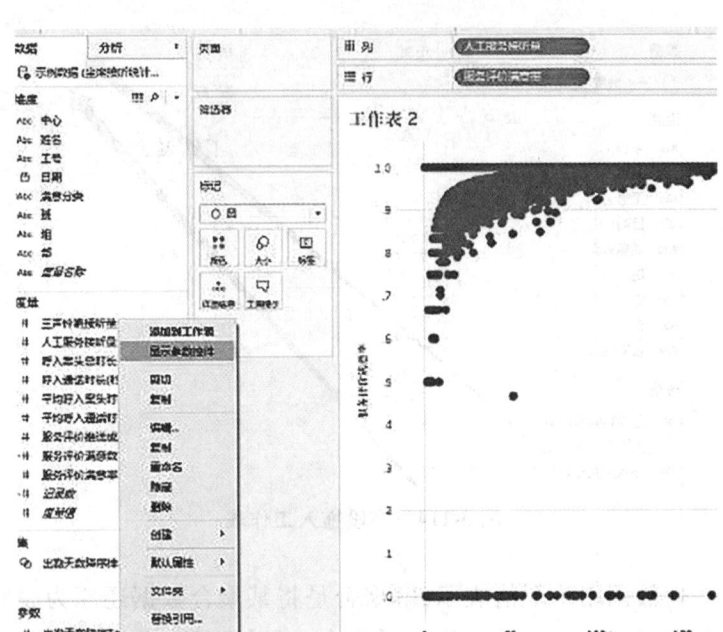

图 3-117　参数控件

并重新命名表为"服务评价满意率"就可得到如图 3-118 所示的统计图。

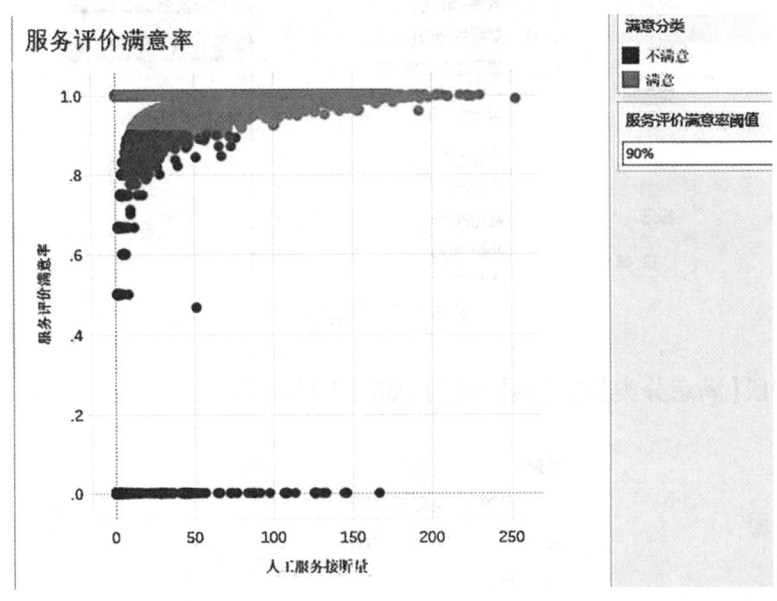

图 3-118　表重命名

通过调整满意率阈值,可以得到不同的统计显示效果,不同满意率阈值的对比如图 3-119 所示。

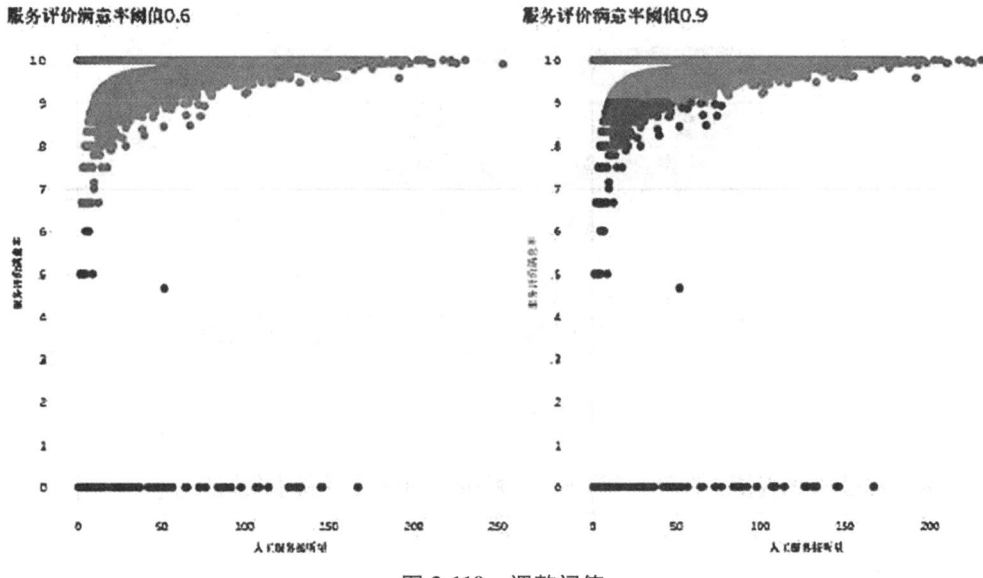

图 3-119　调整阈值

8. 根据参考线进行统计

工作任务：在各部门中找到服务接听满意率最高的部门。

Tableau 在分析中嵌入了参考线、参考区间、分布区间和盒须图，来标记轴上的特定值或区域。

参考线即在轴上添加一条线，用来标记某个常量或计算值位置。该计算值可基于指定的字段或参数生成，常用的有该轴的平均值、最小值、最大值等。参考线可基于表、区或单元格进行设置。

通过参考线，可以很直观地看到不同的部在平均接听量上与所在中心平均水平的差异，如图 3-120 所示。

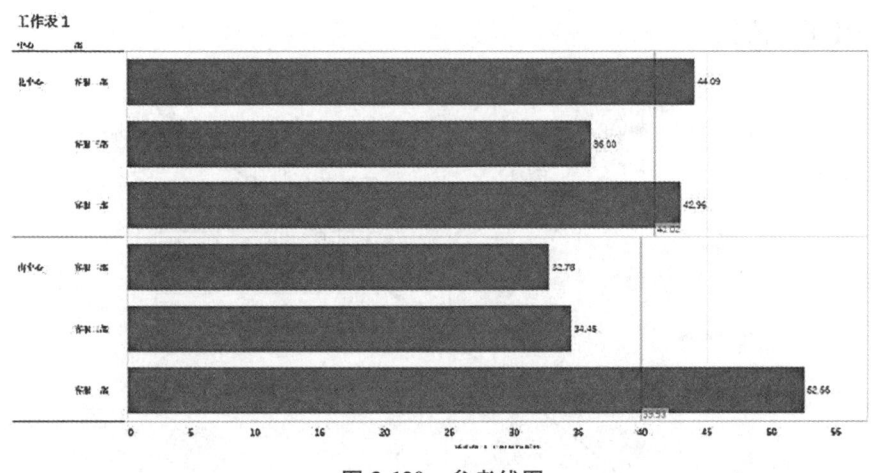

图 3-120　参考线图

通过参考区间，可以很直观地看到不同的部指标值在所在中心的"位置"，如图 3-121 所示。

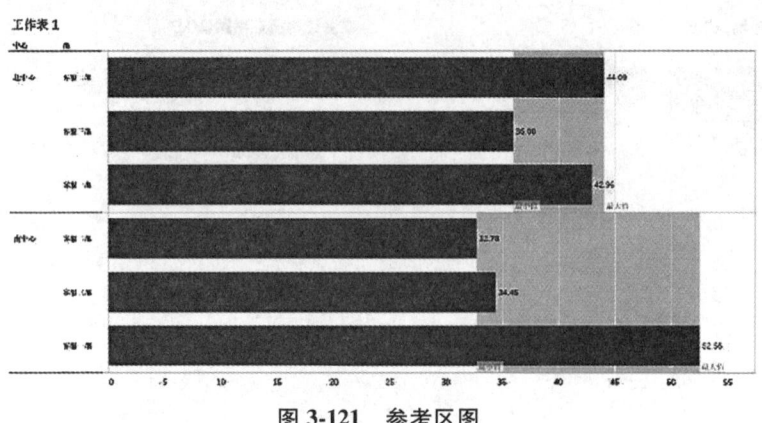

图 3-121 参考区图

导入数据，进入工作表，如图 3-122 所示分别将【中心】、【部】拖到行。

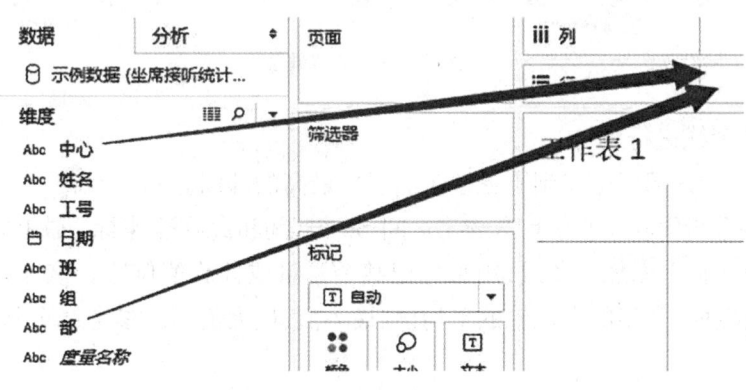

图 3-122 字段拖入工作表

将【人工服务接听量】拖到列，如图 3-123 所示。并参照图 3-124 将【人工服务接听量】的度量改为【平均值】。

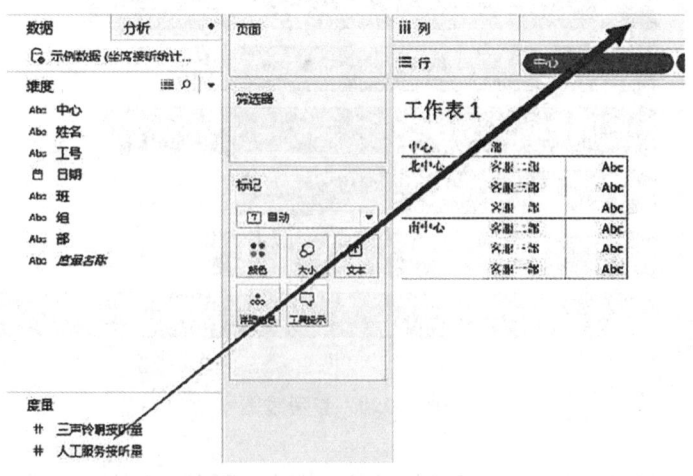

图 3-123 度量拖入工作表

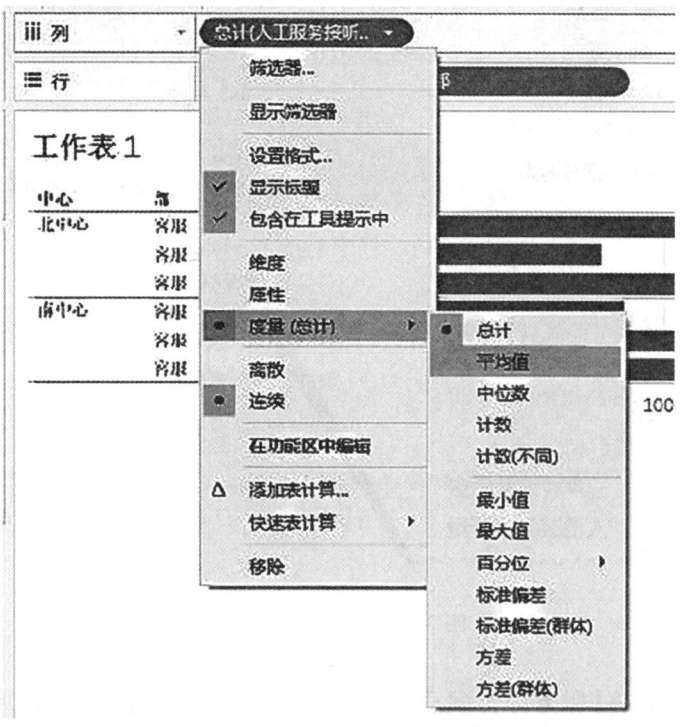

图 3-124　度量改为平均值

为观察方便,可将视图页面调整为【整个视图】,如图 3-125 所示。

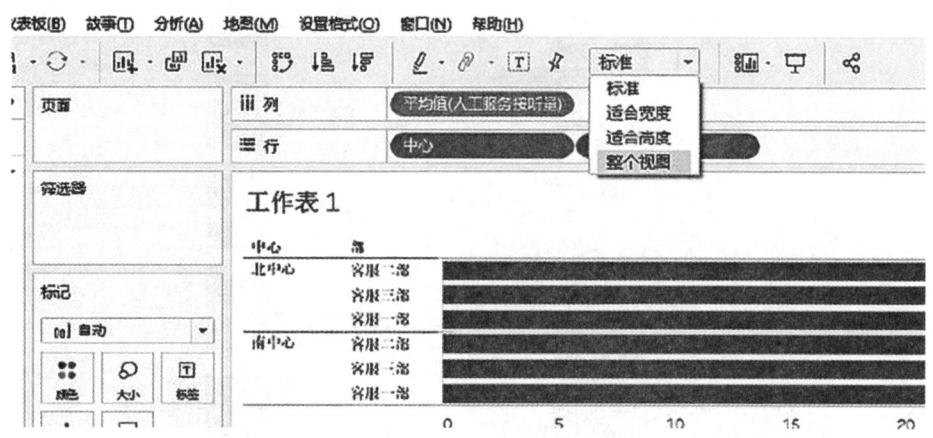

图 3-125　调整视图

在对比各个中心的工作时,除接听量为考核指标外,每天服务评价的满意程度也是重要指标,因此添加"服务评价满意数"(需通过创建计算字段得到)为参考线,对比各中心、各部的接听量和服务满意数的差别。

如图 3-126 所示,将【服务评价满意数】拖入【详细信息】。

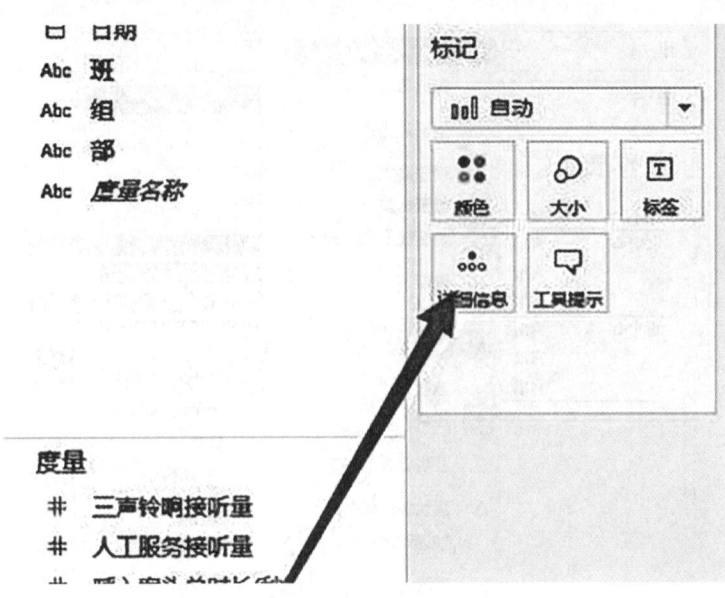

图 3-126　字段拖入标记

如图 3-127 所示,将【服务评价满意数】在详细信息中的度量方式改为【平均值】。

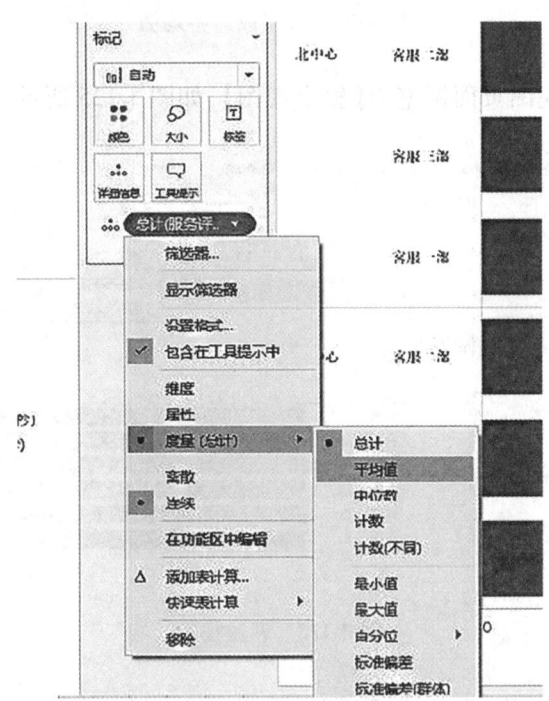

图 3-127　度量改为平均值

在横轴点击右键,点选图 3-128 中的【添加参考线】。并参照图 3-129 进行参考线设置。

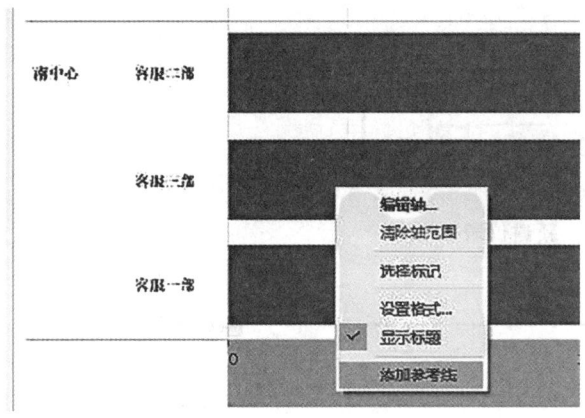

图 3-128　添加参考线　　　　　　图 3-129　设置参考区

重命名表为"服务接听满意率部门对比",如图 3-130 所示,参考线显示了每个部的日均评价满意数。

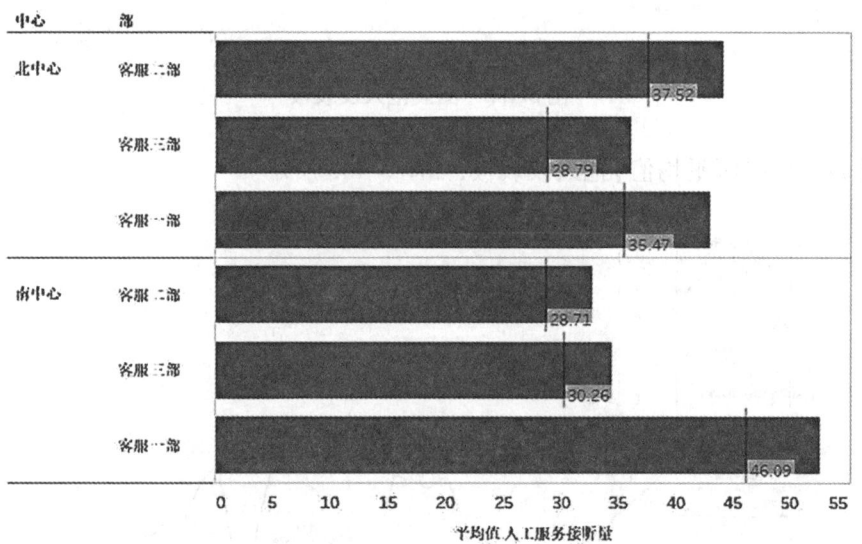

图 3-130　参考对比图

从图 3-130 中可以明显看出在南、北部门中服务接听满意率最高的为南中心客服一部。

3.5.4　工作环节四：整合图标制作仪表板

仪表板可以将多个图表放置在一起,突出显示效果。

工作任务:制作 1 月接听量仪表板。

如图 3-131 所示,点击右下角新建仪表板。然后如图 3-132 所示将【1 月接听量汇总表】

拖入仪表板。

图 3-131　新建仪表板

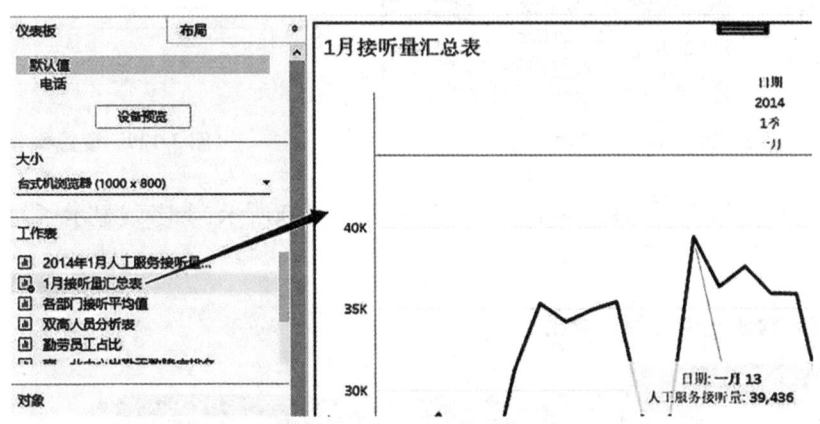

图 3-132　图表拖入仪表板

再将【各部门接听平均值】拖入仪表板，如图 3-133 所示。

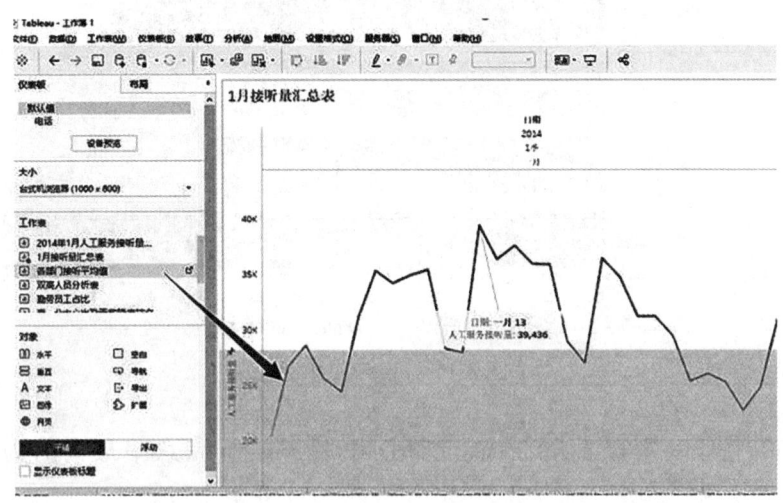

图 3-133　值拖入仪表板

调整仪表板大小，选为适合高度，如图 3-134 所示。并将仪表板重命名为"1 月接听量仪表板"。

学习情境三　用 Tableau 对客服座席接听数据进行统计

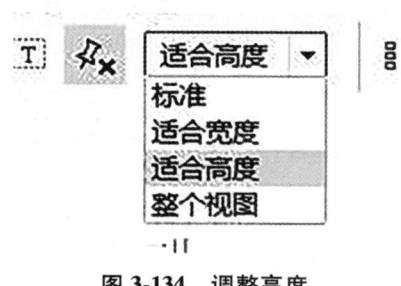

图 3-134　调整高度

3.5.5　工作环节五：设置一个关于座席接听数据可视化故事

工作任务：把前面创建的各个图表和仪表板合成为一个故事。

点击图 3-135 右下角所示的图标，新建故事。

图 3-135　新建故事

将故事重命名为"座席接听数据可视化故事"。

添加【1 月接听量仪表板】到故事，并编写故事，如图 3-136 所示。

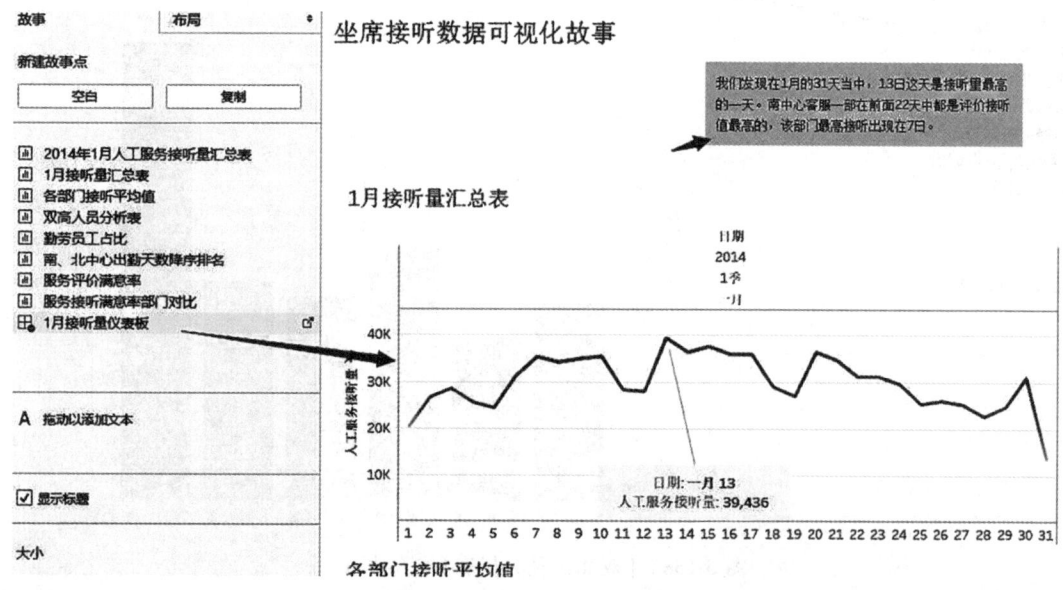

图 3-136　【1 月接听量仪表板】拖入故事

105

然后将【2014年1月人工服务接听量汇总表】拖入故事,并编写故事,如图3-137所示。

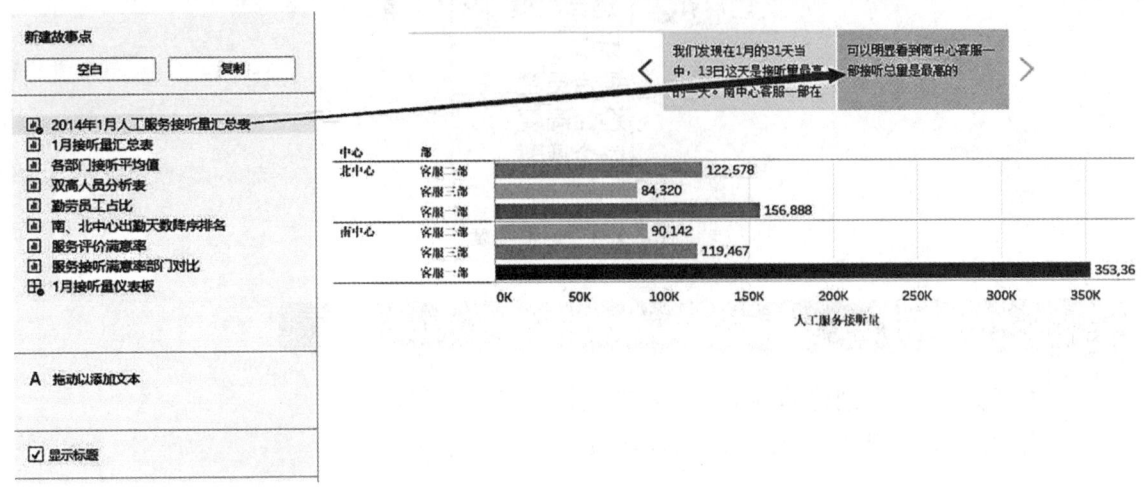

图3-137 【2014年1月人工服务接听量汇总表】拖入故事

按照同样的方法,添加其他故事,依次得到图3-138,图3-139,图3-140与图3-141。

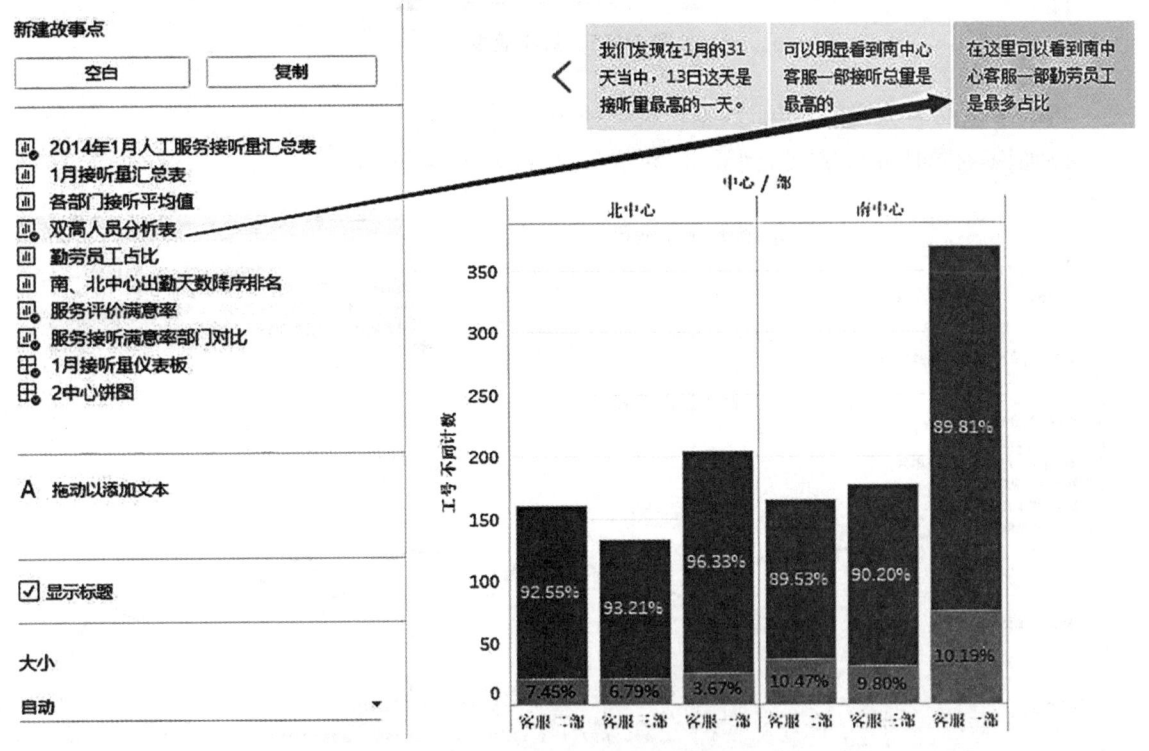

图3-138 【双高人员分析表】拖入故事

学习情境三　用 Tableau 对客服座席接听数据进行统计

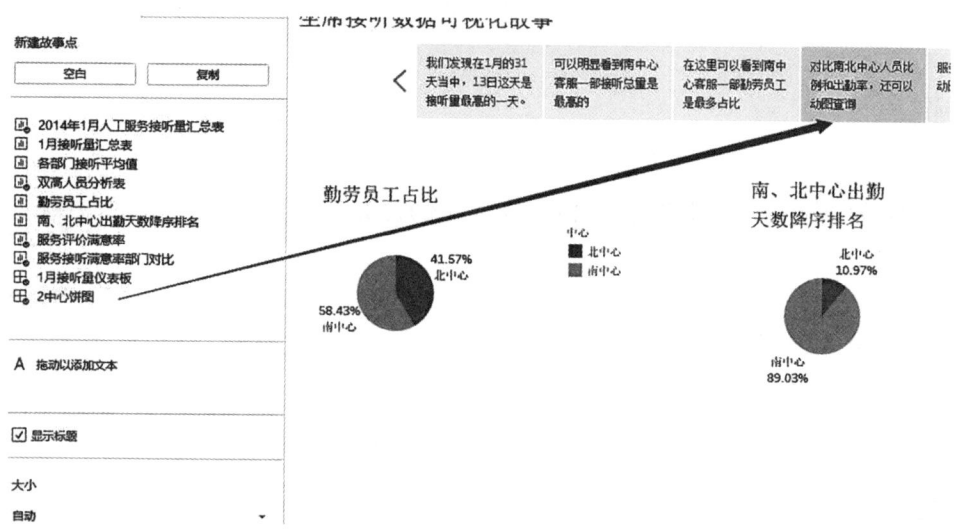

图 3-139　【2 中心饼图】拖入故事

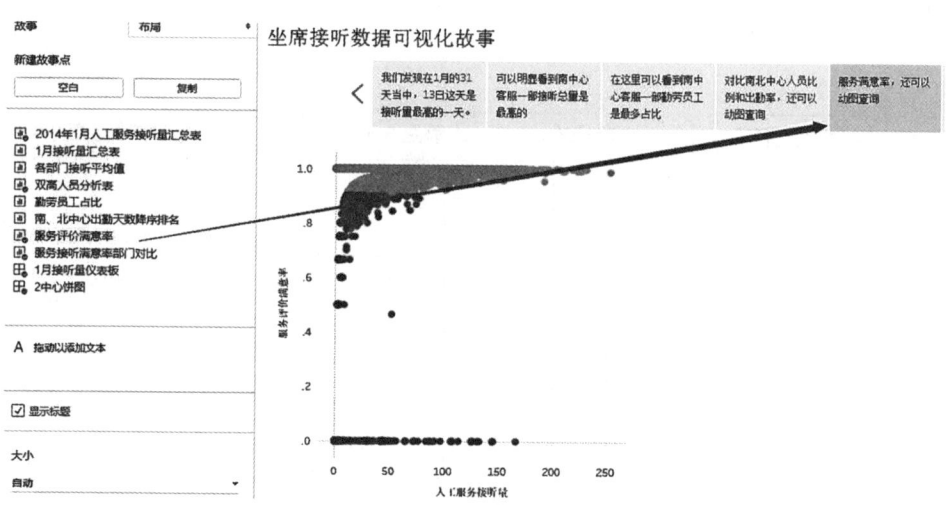

图 3-140　【服务评价满意率】拖入故事

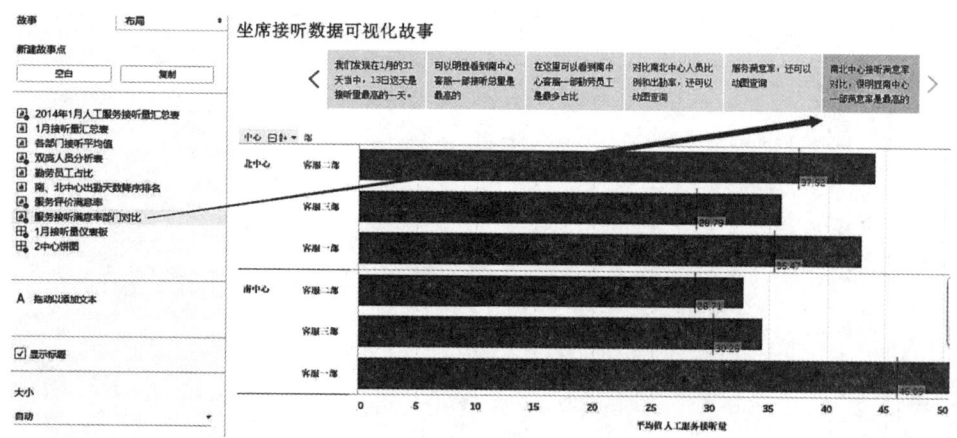

图 3-141　【服务接听满意率部分对比】拖入故事

107

3.6 检查

完成相应的检查工作,最终提交如表 3-7 所示的检查单,准备进行评价。

表 3-7　　　　　　　　　　　　　　检查单

学习场	
学习情境	
学习任务	学时
典型工作过程描述	

序号	检查项目	检查标准	学生自查	教师检查

检查评价	班级		第___组	组长签字	
	教师签字		日期		
	评语:				

3.7 评价

根据表 3-8 对每组的任务完成过程进行评价。

表 3-8　　　　　　　　　　　　　评价单

学习场				
学习情境				
学习任务		学时		
典型工作过程描述				
评价项目	评价子项目	学生自评	组内评价	教师评价
	1.资讯____分;2.计划____分; 3.决策____分;4.实施____分; 5.检查____分;6.评价____分。			
	1.资讯____分;2.计划____分; 3.决策____分;4.实施____分; 5.检查____分;6.评价____分。			
	1.资讯____分;2.计划____分; 3.决策____分;4.实施____分; 5.检查____分;6.评价____分。			
	1.资讯____分;2.计划____分; 3.决策____分;4.实施____分; 5.检查____分;6.评价____分。			
评价的评价	班级		第____组	组长签字	
	教师签字		日期		
	评语:				

3.8 课后习题

1. "关键绩效指标"的英文缩写是( )。
   A. KPI B. CMS
   C. API D. APP

2. 把可视化的内容连起来,形成一个主题进行描述,会用到( )。
   A. 面板 B. 故事
   C. 柱状图 D. 饼状图

学习情境四　用 Tableau 对家具电商数据可视化分析

数据分析与可视化

随着网络信息技术的发展和计算机、智能手机的普及,利用互联网进行网络购物的电子商务因其方便、快捷、突破传统商务在时间和地域上的限制等优势,成为人们生活中日渐流行的一种消费方式。本案例分析对象为如图 4-1、图 4-2 所示的某家具电商网站 2013 年至 2016 年(共 4 年)的运营数据,本章将利用 Tableau 对该家具电商的销售情况进行可视化分析。

利润率	记录数	制造商	产品名称	利润	发货日期	国家	地区	城市	子类别
0%	1	Advantus	Advantus	0	2015/3/1	中国	华东	上海	用具
0%	1	Fellowes	Fellowes	0	2013/5/22	中国	华东	南昌	收纳具
0%	1	Avery	Avery 装	0	2016/10/28	中国	华北	天津	装订机
0%	1	Tenex	Tenex 文件	0	2016/12/4	中国	东北	密山	收纳具
0%	1	Novimex	Novimex 认	0	2016/5/11	中国	东北	抚顺	椅子
0%	1	思科	思科 办公	0	2015/3/6	中国	东北	哈尔滨	电话
0%	1	Cuisinart	Cuisinart	0	2014/12/1	中国	东北	铁岭	器具
0%	1	Hoover	Hoover 炉	0	2015/1/25	中国	华东	洛阳	器具
0%	1	Cuisinart	Cuisinart	0	2015/9/2	中国	华东	南通	器具
0%	1	Novimex	Novimex 认	0	2014/11/29	中国	华东	烟台	标签

图 4-1　某家具电商部分运营数据(一)

客户名称	折扣	数量	省/自治区	类别	细分	订单 Id	订单日期	邮寄方式	销售额
常松	0%	5	上海	家具	消费者	CN-2014-1	2015/2/28	一级	399
唐婉	0%	2	江西	办公用品	小型企业	CN-2012-2	2013/5/17	二级	1935
孙辉	0%	3	天津	办公用品	小型企业	CN-2015-3	2016/10/23	二级	186
杨健	0%	3	黑龙江	办公用品	消费者	CN-2015-3	2016/12/4	当日	332
田谙	40%	3	辽宁	家具	消费者	CN-2015-3	2016/5/11	当日	386
段杰	0%	7	黑龙江	技术	公司	CN-2014-2	2015/3/4	二级	2671
俞莹楚	40%	7	辽宁	办公用品	公司	US-2013-1	2014/11/26	标准级	9723
曹灵	0%	2	福建	办公用品	公司	CN-2014-3	2015/1/21	标准级	5288
龙婷	40%	5	江苏	办公用品	公司	US-2014-3	2015/8/28	二级	6945
白德伟	0%	5	山东	办公用品	消费者	CN-2013-4	2014/11/26	一级	193

图 4-2　某家具电商部分运营数据(二)

4.1 任务

请以小组的形式进行讨论,要求每个小组理解任务,填写如表 4-1 所示的任务单。思考在这个数据可视化任务中要展现哪些内容,这些内容组合起来能表达什么样的主题。

表 4-1　　　　　　　　　　　　　　　任务单

学习场						
学习情境						
学习任务				学时		
典型工作过程描述						
学习目标						
任务描述						
学时安排	资讯___学时	计划___学时	决策___学时	实施___学时	检查___学时	评价___学时
对学生的要求						
参考资料						

4.2 资讯

为完成以上任务,请每个小组收集相关资讯,填写如表 4-2 所示的资讯单。建议通过数据可视化软件 Tableau 来完成本次任务。

表 4-2　　　　　　　　　　　　资讯单

学习场			
学习情境			
学习任务		学时	
典型工作过程描述			
搜集资讯的方式			
资讯描述			
对学生的要求			
参考资料			

4.3 计划

请同学们根据收集的资讯,针对本次工作任务制订相应的工作计划,填写如表 4-3 所示的计划单。

表 4-3　　　　　　　　　　　　　计划单

学习场				
学习情境				
学习任务		学时		
典型工作过程描述				
计划制订的方式				
序号	工作步骤		注意事项	
计划评价	班级		第___组	
	教师签字		日期	
	评语:			

4.4 决策

请每组同学针对本组制订的计划进行评估,最终决定一个流程并填写如表 4-4 所示的决策单。

表 4-4 决策单

学习场					
学习情境					
学习任务				学时	
典型工作过程描述					
计划对比					
序号	计划的可行性	计划的经济性	计划的可操作性	计划的实施难度	综合评价
决策评价	班级		第___组	组长签字	
	教师签字		日期		
	评语:				

4.5 实施

以下是提供给大家参考的工作环节的流程,每组同学可以根据自己小组的情况进行参考,填写如表 4-5 所示的实施单,最终完成本组的工作任务。

表 4-5　　　　　　　　　　　实施单

学习场				
学习情境				
学习任务			学时	
典型工作过程描述				
序号	实施步骤		注意事项	
实施说明:				
实施评价	班级		第___组	组长签字	
	教师签字		日期		
	评语:				

4.5.1 工作环节一:选择与连接数据源

本次工作任务用到的数据源是一个 Excel 文件,连接它的具体操作步骤如下。

(1) 打开 Tableau 软件,在初始界面的左侧点击【到文件】→【Microsoft Excel】,如图 4-3 所示。或在新建一个工作簿后,点击左侧数据面板中的"连接到数据",在弹出的界面中选择【到文件】→【Microsoft Excel】,如图 4-4 所示。

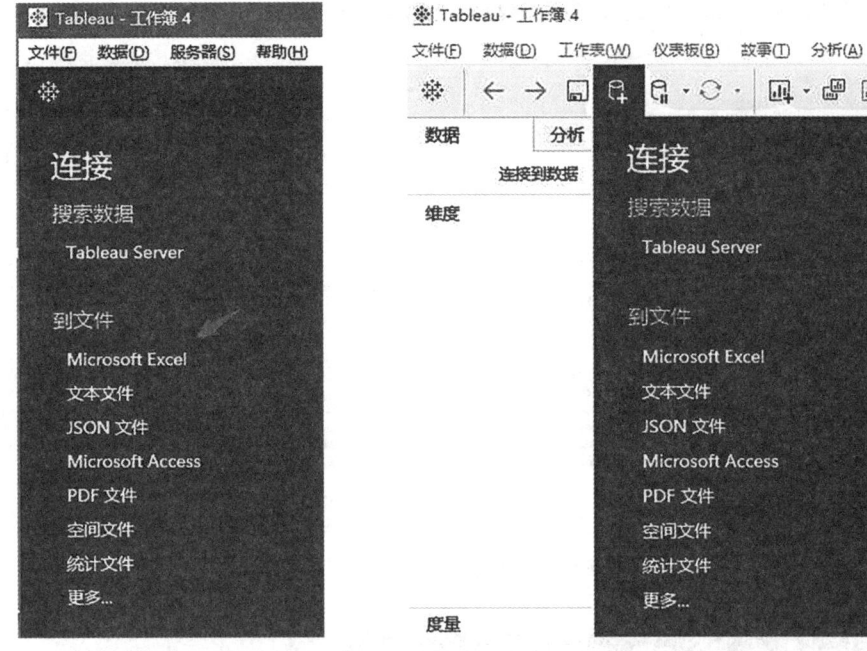

图 4-3　从初始界面左侧连接数据源　　　图 4-4　从数据面板连接数据源

（2）在弹出的文件选择窗口中选择要连接的文件,如图 4-5 所示。

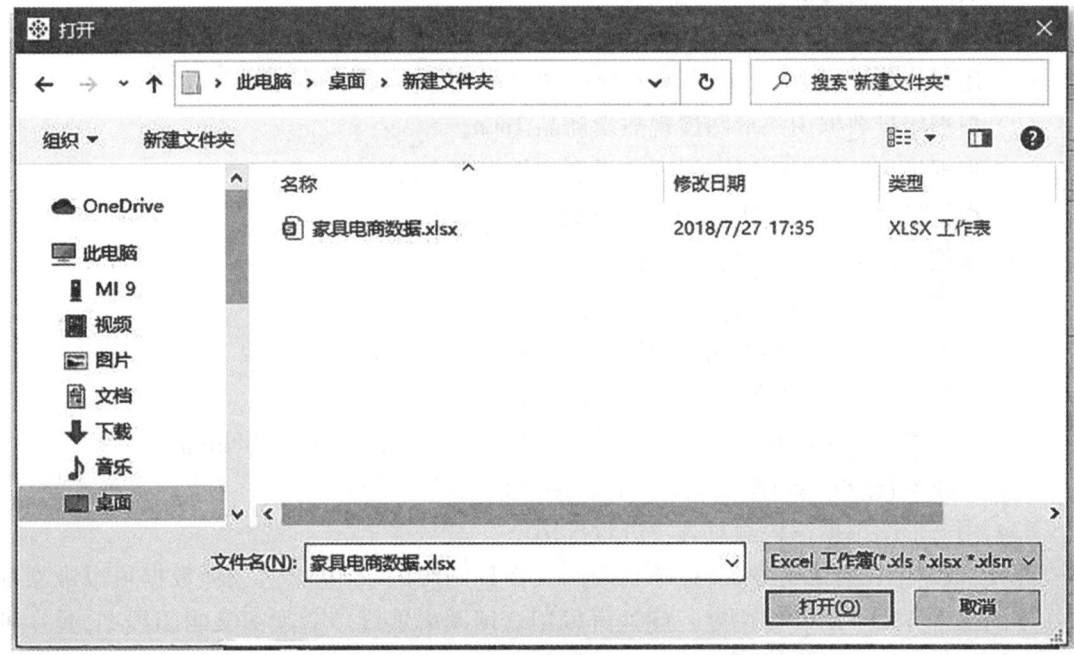

图 4-5　文件选择窗口

打开后数据便导入 Tableau 中了,如图 4-6 所示,点击下方的"工作表 1"转到工作表。

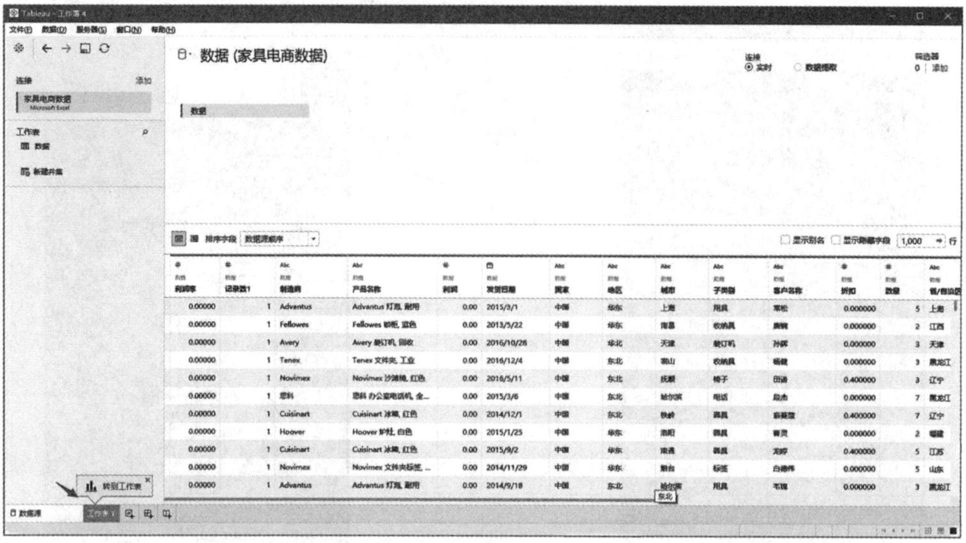

图 4-6　导入数据后的工作界面

4.5.2　工作环节二：分析数据源制订可视计划

从数据源中看出,记录的数据大致分为产品信息和客户信息两大类。可以针对这两类信息进行数据可视化分析。

对于产品信息,可考虑生成以下几种图形。

（1）用折线图展现 2013 年至 2016 年的销售额、销量、利润,并对其进行预测。

（2）根据销量数据用条形图展现热卖商品 Topn。

（3）根据销售额数据用饼图展现各类别的销售额占比。

（4）根据销售额数据用饼图展现子类别的销售额占比。

（5）根据利润用饼图展现各类别的利润占比。

（6）用瀑布图展现各子类别的利润情况。

（7）用散点图展现各类别商品的销售额和利润情况,并给出趋势线。

对于客户信息,可以考虑生成以下几种图形。

（1）用一组条形图展现各地区客户数量、销售额、销量、客单价、利润的情况。

（2）用帕累托（Pareto）图展现客户销售额累计情况。

（3）用条形图根据销售额对客户进行排序。

此外,数据中还有邮寄方式、订单日期和发货日期的记录,基于这三项数据可以观察商家在不同邮寄方式下的发货速度。此处可以用盒须图来展现。盒须图又叫箱线图,是一种常用的统计图形,用以显示数据的位置、分散程度、异常值等。

4.5.3 工作环节三：制作可视化图形

1. 制作 2013 年至 2016 年的销售额、销量、利润的折线图，并进行预测

（1）将【订单日期】拖入列，将【销售额】、【数量】、【利润】拖入行，如图 4-7 所示。

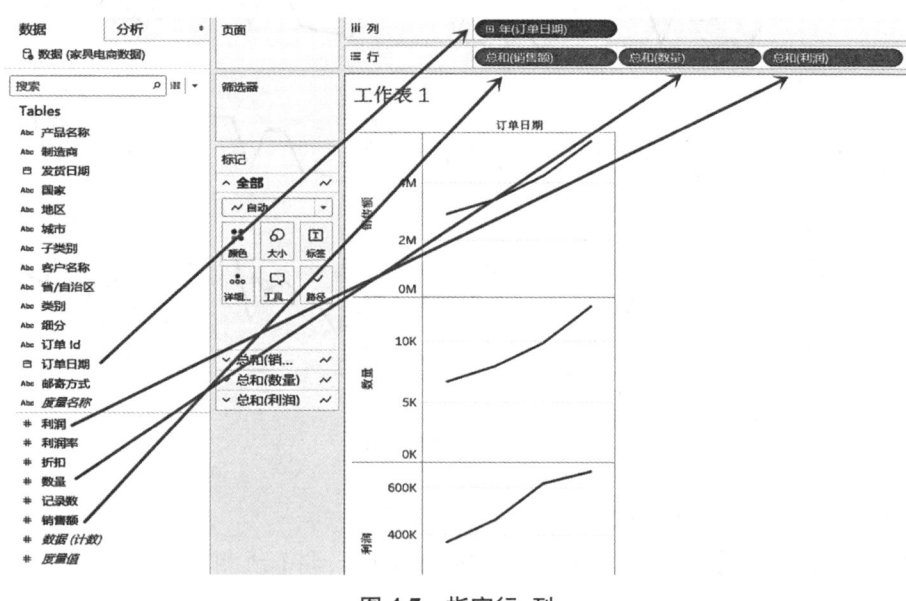

图 4-7 指定行、列

（2）调整日期显示级别。如图 4-8 所示，右键点击列中的【订单日期】字段，在弹出的菜单中选择【月】【2015 年 5 月】。

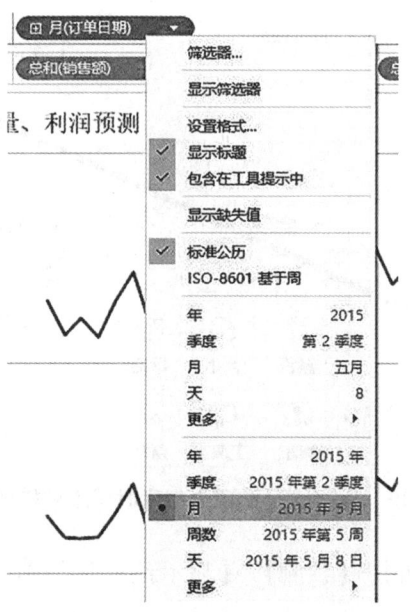

图 4-8 调整日期显示级别

此时 Tableau 自动生成了如图 4-9 所示的三条折线。

图 4-9 生成折线图

（3）创建时间序列模型预测。

方法 1：点击【数据】选项卡右侧的【分析】选项卡，将【预测】拖入视图区，如图 4-10 所示。

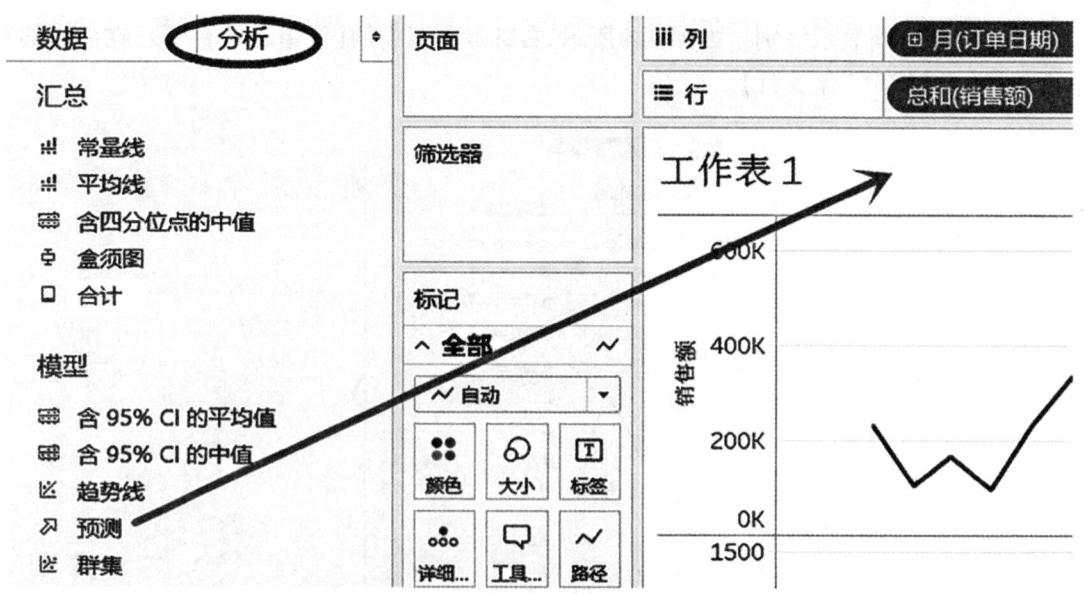

图 4-10 从【分析】选项卡创建时间序列模型预测

方法 2：点击菜单栏【分析】→【预测】→【显示预测】，如图 4-11 所示。

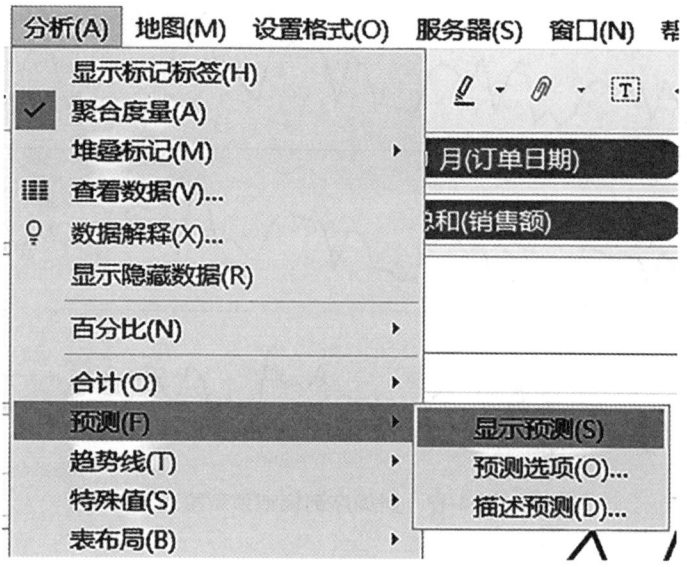

图 4-11 从【分析】菜单栏创建时间序列模型预测

方法 3：在视图任意区域单击右键如图 4-12 所示，选择【预测】→【显示预测】。

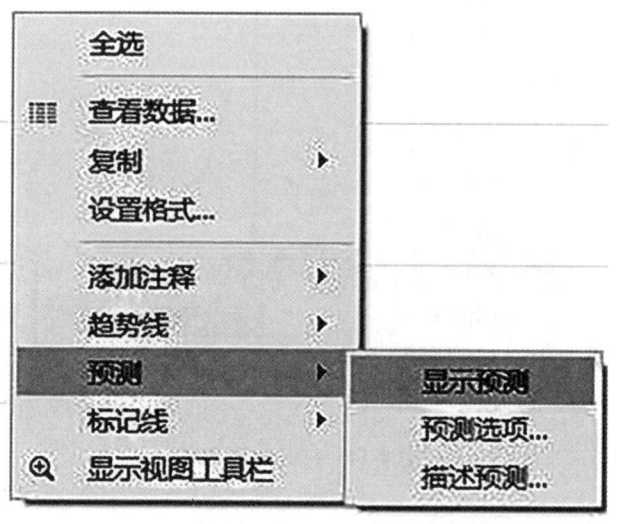

图 4-12 从视图区域创建时间序列模型预测

模型预测效果如图 4-13 所示，其中中间的线条部分为预测值，上下两条曲线分别为预测区间的上下限。此时的预测模型不是最优，可以对预测模型进行调整以获得更好的预测。

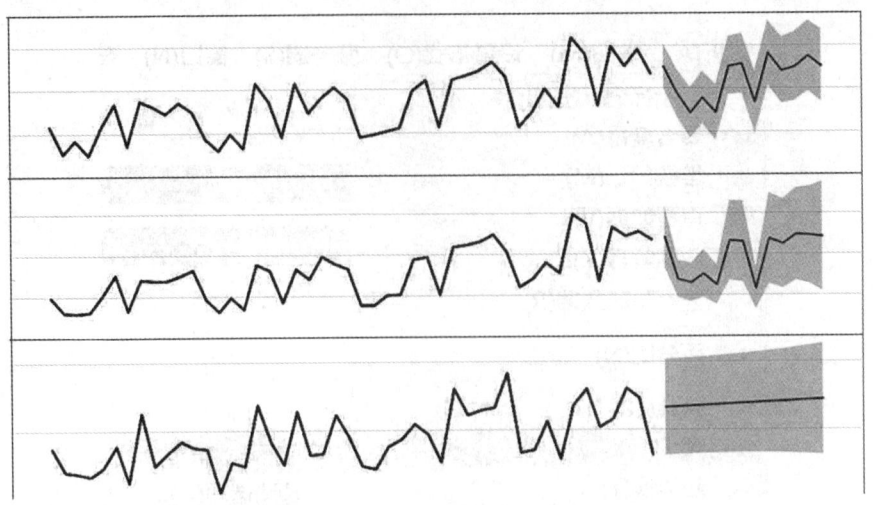

图 4-13　时间序列模型预测图

（4）如图 4-14 所示，在视图内任意处右键单击，选择【预测】→【预测选项】。

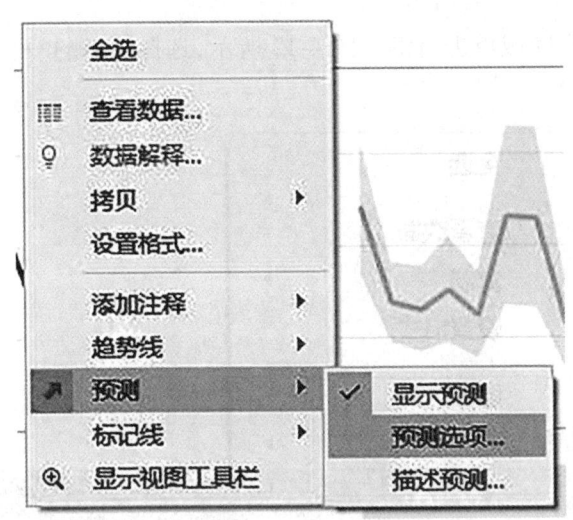

图 4-14　打开预测选项

预测选项窗口如图 4-15 所示，包含【预测长度】、【源数据】、【预测模型】、【显示预测区间】、【预测摘要】五个项目。

① 【预测长度】用于设置预测未来时间的长度，含【自动】、【精确】、【直至】三个选项，如图 4-16 所示。

  a.【自动】：自动选取预测长度，默认为 9 天。

  b.【精确】：指定预测长度及粒度，粒度分为年、季度、月、周、天、小时、分钟、秒。

  c.【直至】：指定预测到未来特定的时间长度，如未来 1 年等，可选的粒度与"精确"相同。

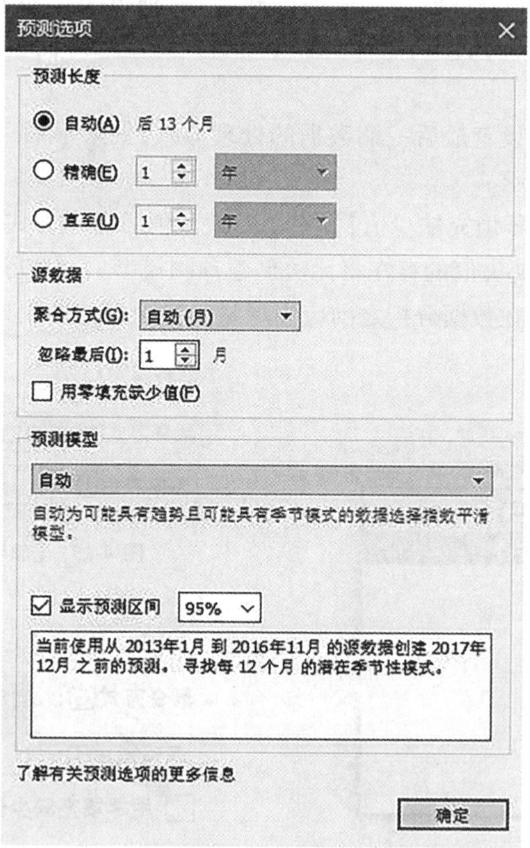

图 4-15 预测选项窗口

图 4-16 【预测长度】选项

②【源数据】用于指定源数据的聚合、期数选取和缺失值处理方式,【源数据】选项如图 4-17 所示。

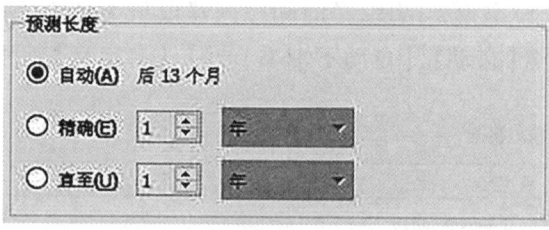

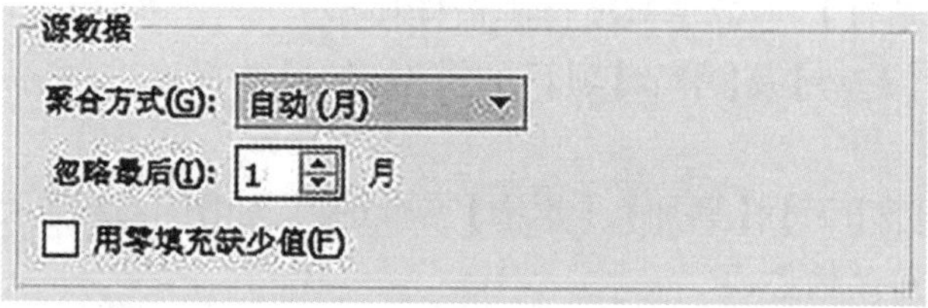

图 4-17 【源数据】选项

a.【聚合方式】用于指定时间序列的时间粒度,包括:【自动月】、【年】、【季度】、【月】、【周】、【天】、【小时】、【分钟】、【秒】,如图 4-18 所示。如果选择【自动月】,Tableau 将自动选择最佳粒度进行估算。

b.【忽略最后】用于设定最后一期数据的处理方式,如果最后一天的数据不全,可以选择为【1】月,如图 4-19 所示。

如图 4-20 所示,【用零填充缺少值】提供了对缺失值的处理方式,选择此项后 Tableau 将用"0"补充缺失值,否则缺失值的存在将无法创建预测模型。在实际中这种缺失值处理方式未必能够满足需要,因此在数据分析之前应当尽量避免缺失值的出现。

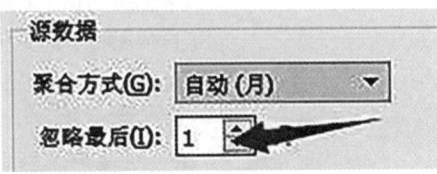

图 4-19 【忽略最后】选项

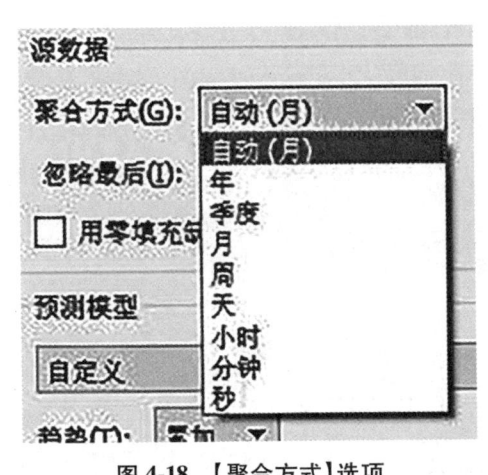

图 4-18 【聚合方式】选项

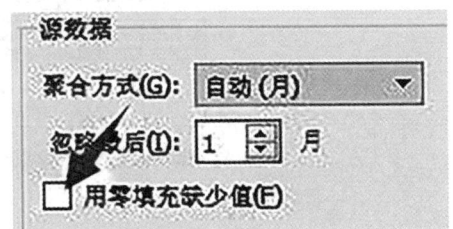

图 4-20 用零填充缺少值

③【预测模型】用于设定模型结构,是时间序列建模最为核心的设置选项,如图 4-21 所示。【预测模型】选项包含【自动】、【自动不带季节性】、【自定义】三种。

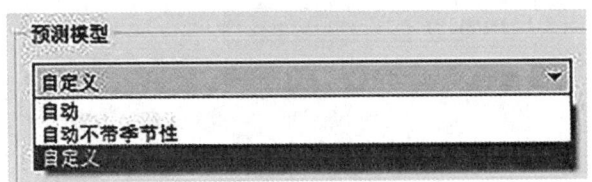

图 4-21 【预测模型】选项

a.【自动】:Tableau 默认的模型。

b.【自动不带季节性】:不带季节项目的最佳模型。

c.【自定义】:带【趋势】及【季节】项目的模型,如果选择这一项,需要分别对【趋势】和【季节】项目进行设置。

在【趋势】中又包含【无】、【累加】、【累乘】三个选项,如图 4-22 所示。

- 【无】:模型中不含趋势项。
- 【累加】:模型中含有趋势项,且为"累加"的关系。

- 【累乘】:模型中含有趋势项,且为"累乘"的关系。

在【季节】中也包含【无】、【累加】、【累乘】三个选项,如图 4-23 所示。

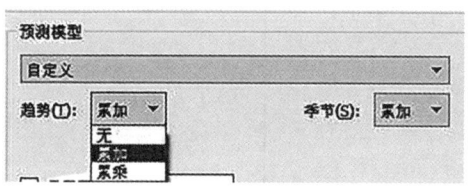
图 4-22 【趋势】选项

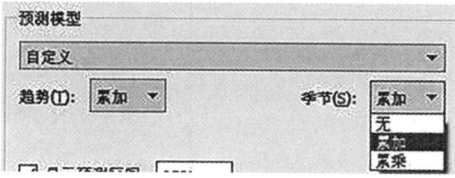
图 4-23 【季节】选项

- 【无】:模型中不含季节项。
- 【累加】:模型中含有季节项,且为"累加"的关系。
- 【累乘】:模型中含有季节项,且为"累乘"的关系。

如果原始数据中存在多个时间序列,预测模型选择【自定义】选项时,将强制使用同一自定义模型所设置的【趋势】项和【季节】项。

如果原始数据中存在一个或多个 0,或者其中一个或一些数据非常接近 0,则不能使用【累乘】模型。

④【显示预测区间】用于设置是否显示预测区间及预测区间的置信度。如图 4-24 所示,置信度有三种选择:【90%】、【95%】、【99%】。

如果选择【95%】,则所生成的区间有 95% 的概率包含实际值。

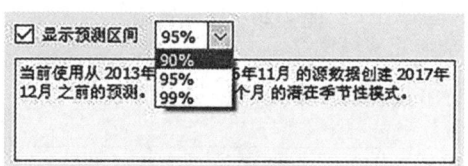
图 4-24 显示预测区间

【预测模型】选项界面最下方的文本框显示了预测的摘要,描述了原始数据以及预测值分别涵盖的时间范围。如果选择了【季节】项则会显示季节项所对应的周期模式,如图 4-25 所示。

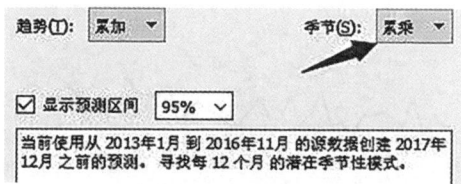
图 4-25 预测摘要

本案例按照图 4-26 的选项,【预测长度】选择【自动】;忽略最后 1 月;预测模型设置为【自定义】,【趋势】设置为【累加】,【季节】设置为【累加】;【显示预测区间】设置为【95%】。

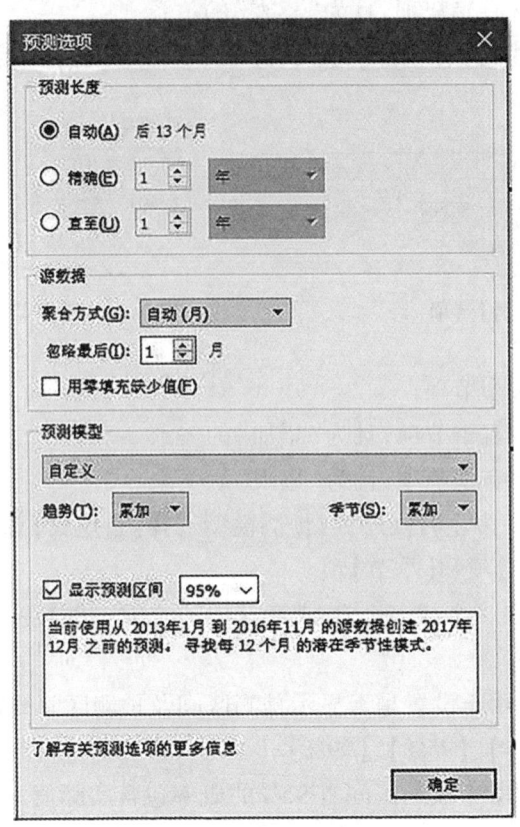

图 4-26 预测选项

由此得到如图 4-27 所示的预测结果。

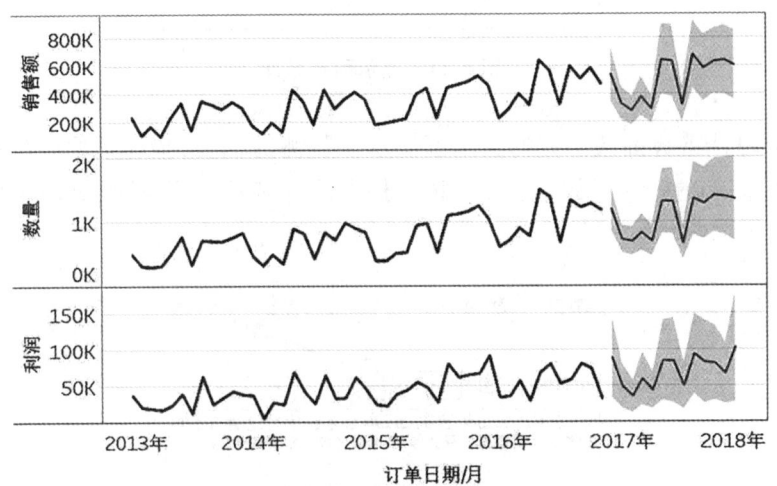

图 4-27 修改预测选项后的结果

（5）双击下方的选项卡，将工作表名称改为"销售额、销量、利润预测"，如图 4-28 所示。

学习情境四　用 Tableau 对家具电商数据可视化分析

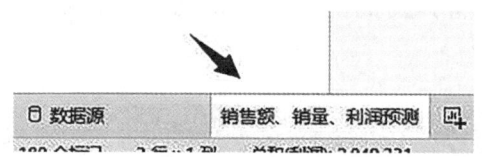

图 4-28　修改工作表名

2. 制作热卖商品 top n 条形图

（1）新建一个工作表。
（2）如图 4-29 所示,将【数量】和【子类别】分部拖入列、行。

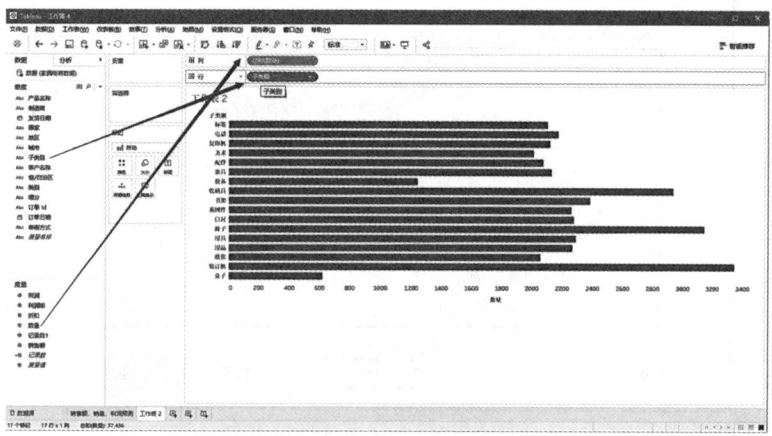

图 4-29　指定行、列

（3）如图 4-30 所示将【子类别】拖入【筛选器】中。

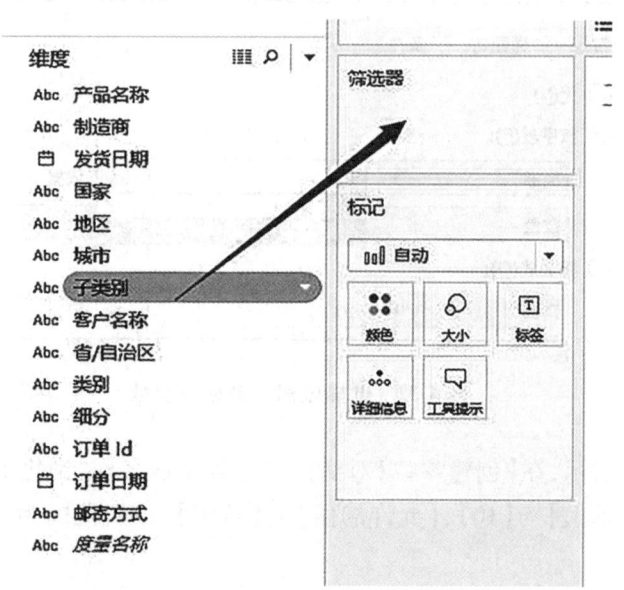

图 4-30　拖入子类别

127

（4）如图 4-31 所示，将弹出的筛选器窗口切换到【顶部】选项卡，选择【按字段】→【顶部】。

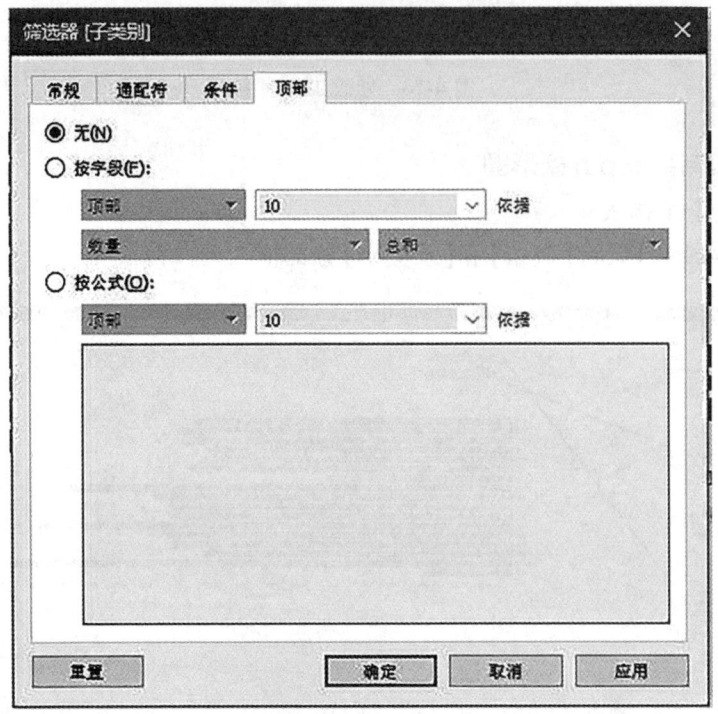

图 4-31　筛选器窗口

（5）如图 4-32 所示，在依据中选择【创建新参数】。

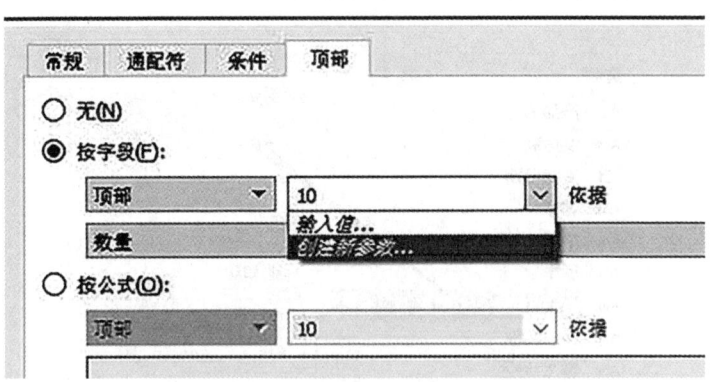

图 4-32　选择依据为创建新参数

（6）如图 4-33 所示，在【创建参数】对话框中录入参数名称"销售 TopN 参数"，数据类型设置为【整数】，【当前值】为【10】，【允许的值】为【范围】，设置范围为 1～17，步长为 1，点击【确定】。

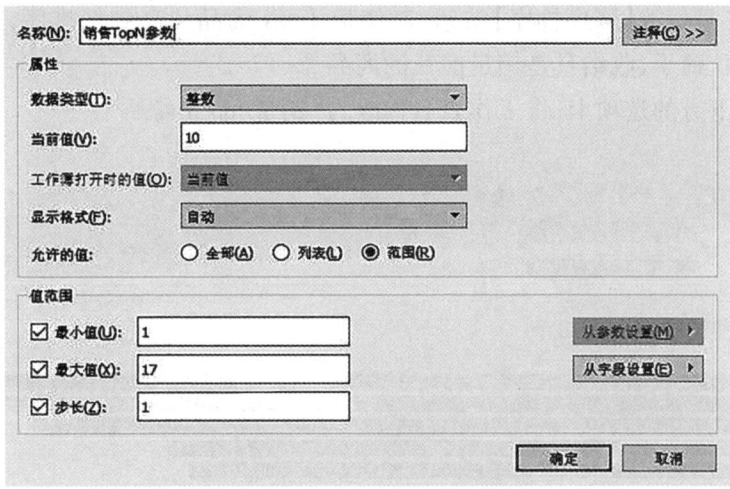

图 4-33 创建参数对话框

（7）此时数据面板中的【参数】里出现了刚刚设置的参数，右击该参数，如图 4-34 所示选择【显示参数控件】。

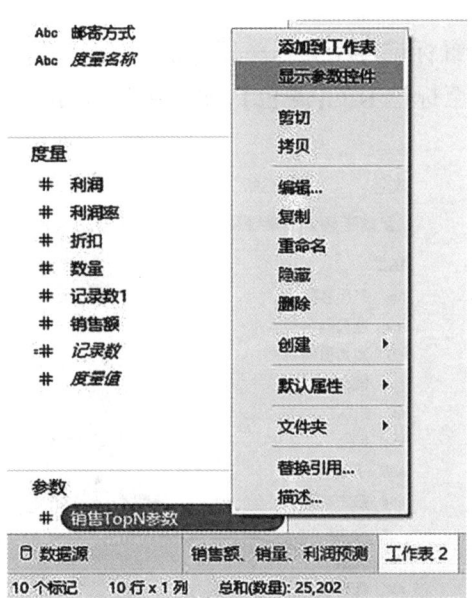

图 4-34 显示参数控件

（8）窗口右侧出现了参数控件，如图 4-35 所示调节参数控件可显示销量前 N 的商品。

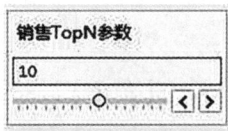

图 4-35 调节参数控件

（9）点击工具栏的【降序排序】按钮，对销量 TopN 商品从高到低排序，如图 4-36 所示。可以看出装订机、椅子、收纳具是销量前三的商品。

（10）双击下方的选项卡，将工作表名称改为"销量 top n 商品"。

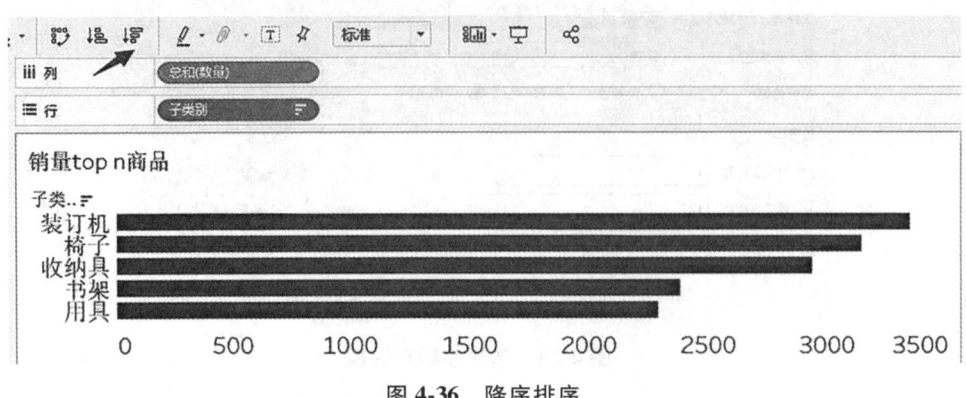

图 4-36　降序排序

3. 制作各类别销售额占比饼图

（1）新建一个工作表。

（2）如图 4-37 所示设置标记类型为——饼图。

（3）将字段【类别】拖至标记卡的【颜色】，如图 4-38 所示。

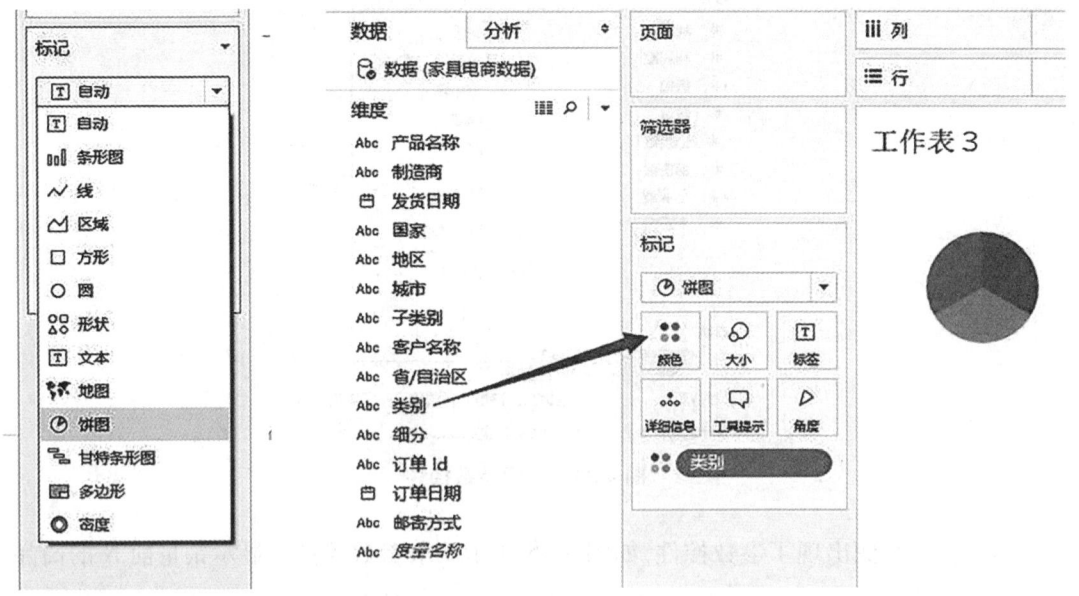

图 4-37　设置标记类型为饼图　　　　图 4-38　将类别拖至颜色

（4）如图 4-39 所示，将【销售额】拖至【角度】。

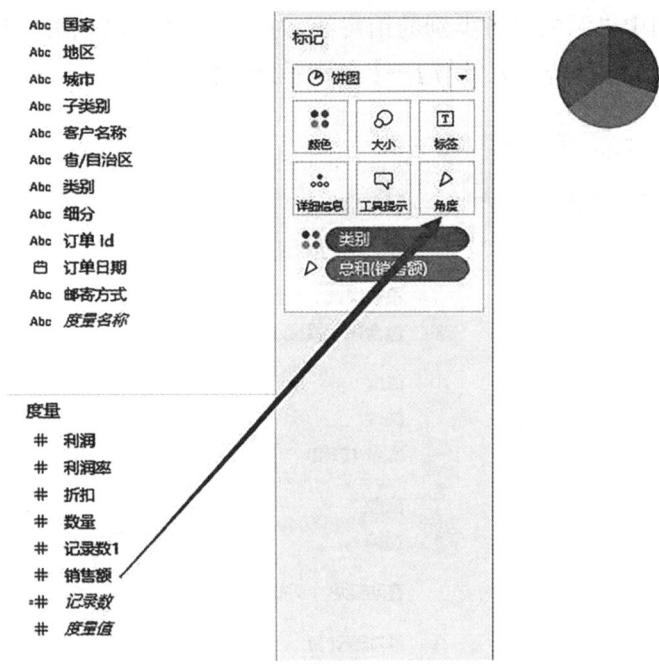

图 4-39　将销售额拖至角度

（5）为饼图添加占比信息。如图 4-40 所示，将【类别】及【销售额】拖至标记卡中的【标签】。

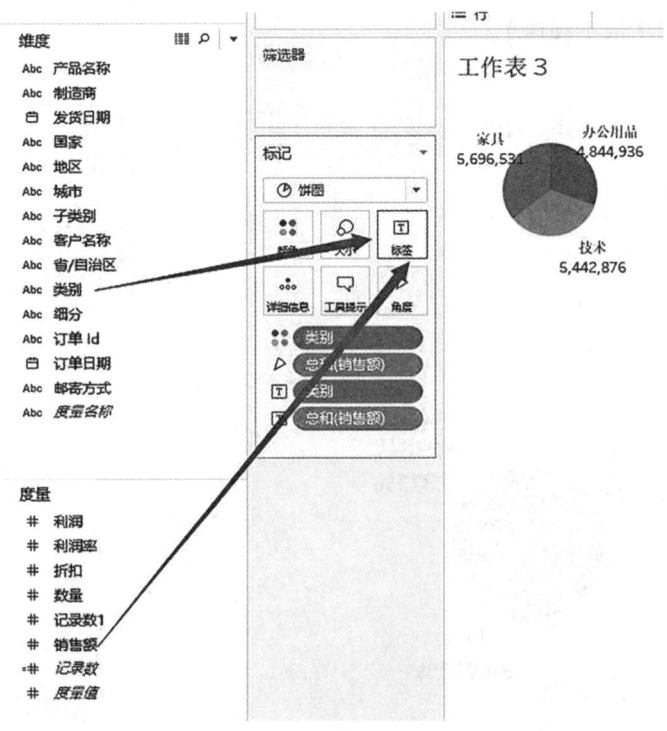

图 4-40　将类别和销售额拖至标签

131

（6）此时，饼图中显示的是各类别的销售额，为了将销售额转换为占比，如图4-41所示，右击标签【销售额】，设置【快速表计算】→【合计百分比】。

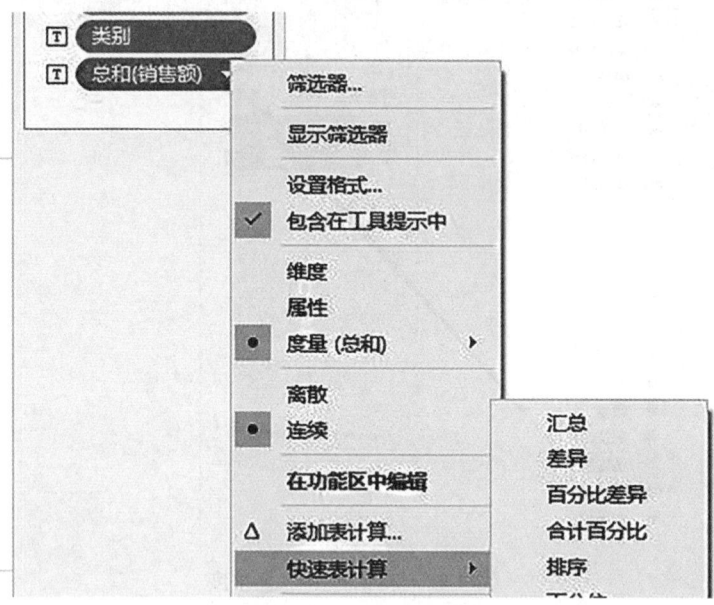

图4-41　设置合计百分比

（7）如果觉得当前视图尺寸过小，可以在如图4-42所示的工具栏中调整视图大小，将当前的【标准】调整为【整个视图】。

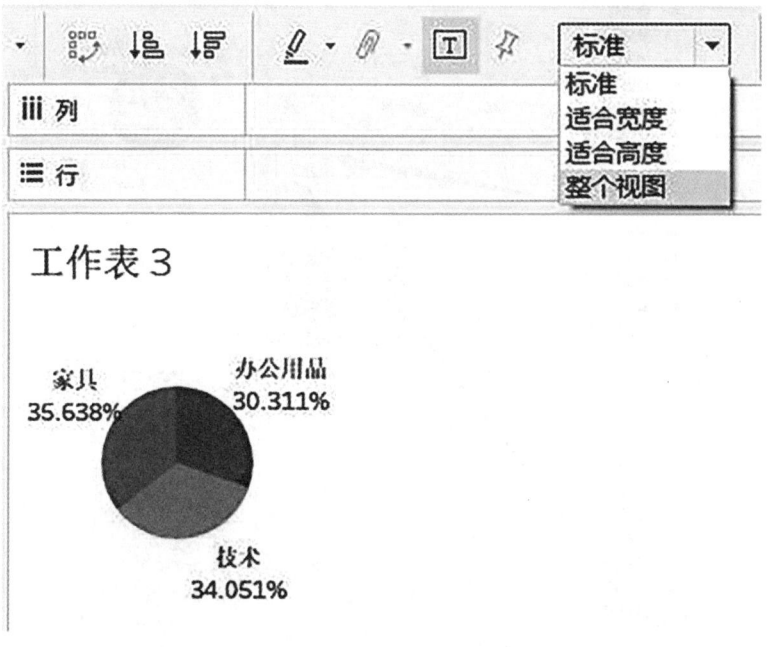

图4-42　调整视图为整个视图

(8) 最终饼图如图 4-43 所示,可以看出三种类别的销售额差别不大。

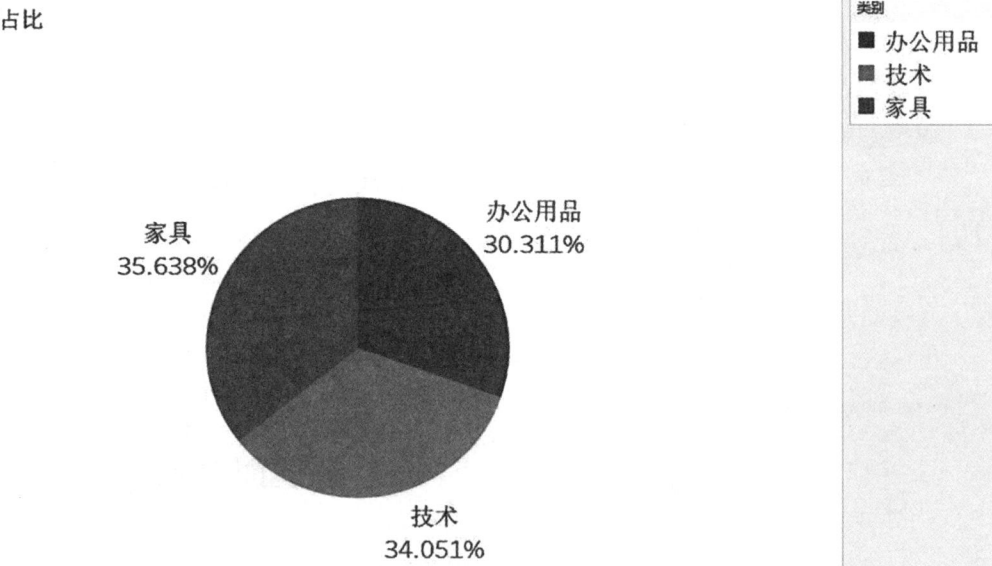

图 4-43 类别销售额占比饼图

(9) 双击下方的选项卡,将工作表名称改为"类别销售额占比"。

4. 制作各子类别销售额占比饼图

(1) 新建一个工作表。

(2) 如图 4-44 所示,设置标记类型为【饼图】。

(3) 将字段【类别】拖入列,如图 4-45 所示。

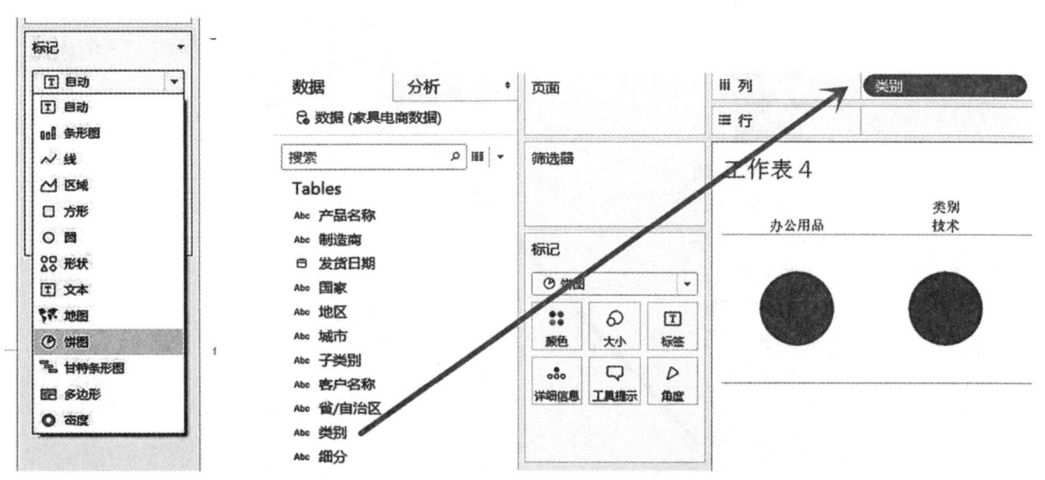

图 4-44 设置标记类型为饼图　　　　图 4-45 将类别拖入列

(4) 如图 4-46 所示,将字段【子类别】拖至标记卡的【颜色】。

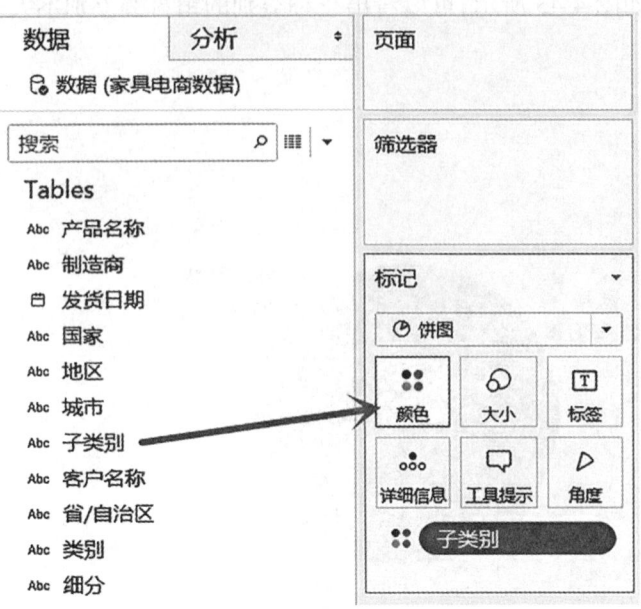

图 4-46　将子类别拖至颜色

（5）将【销售额】拖至【角度】，如图 4-47 所示。

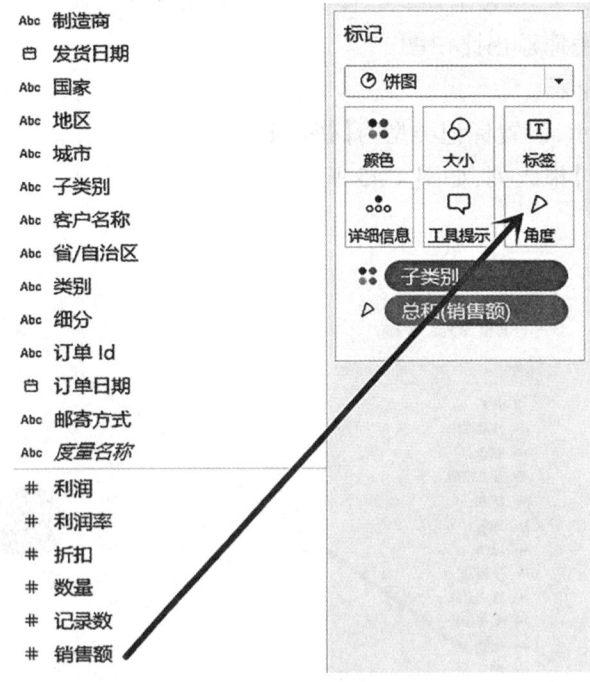

图 4-47　将销售额拖至角度

（6）为饼图添加占比信息。将用【子类别】及【销售额】拖至标记卡中的【标签】，如图 4-48 所示。

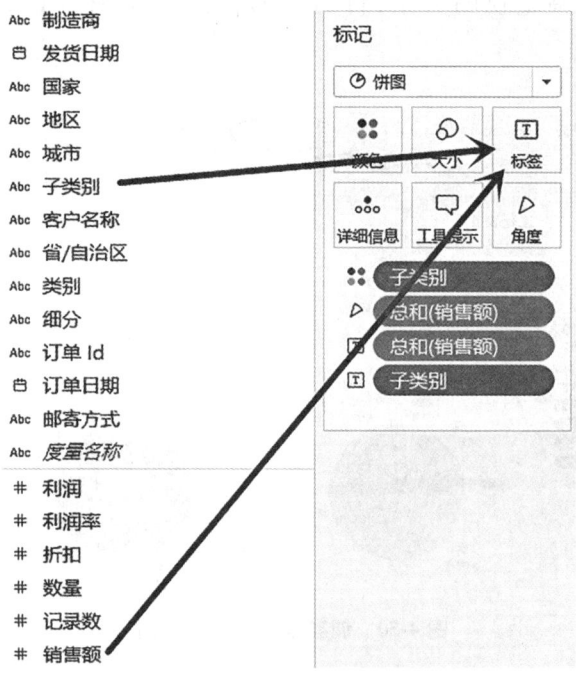

图 4-48　将子类别和销售额拖至标签

（7）右击标签【销售额】，设置【快速表计算】→【合计百分比】，如图 4-49 所示。

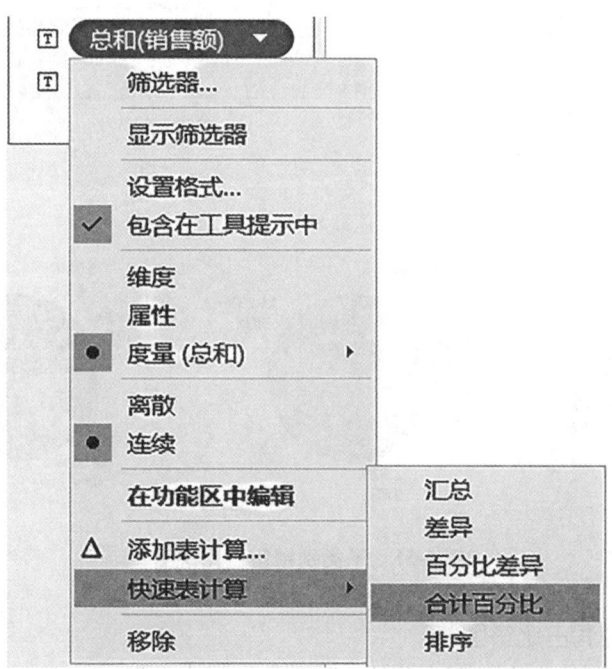

图 4-49　设置合计百分比

(8) 在工具栏中调整视图大小,将当前的【标准】调整为【整个视图】,如图 4-50 所示。

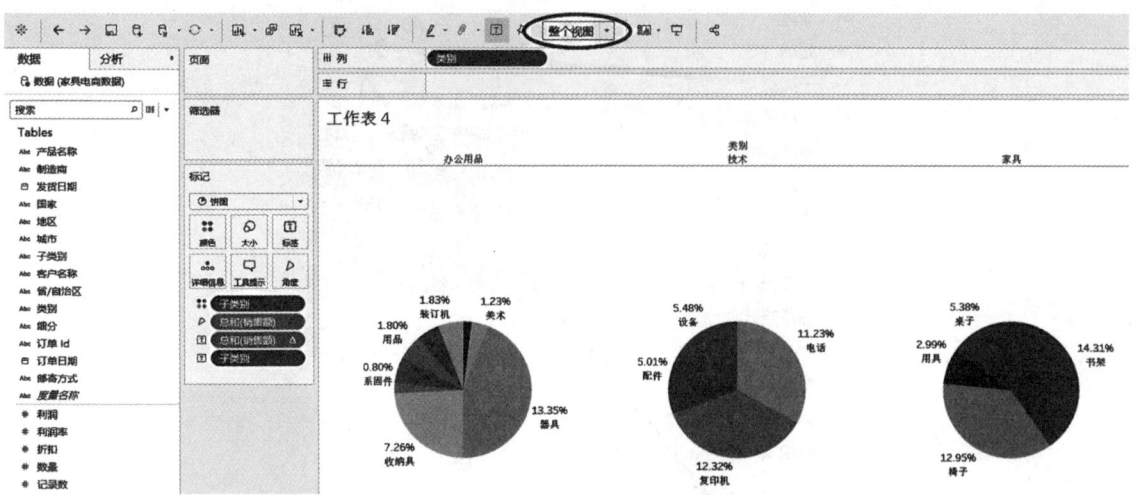

图 4-50 调整视图为整个视图

(9) 最终饼图如图 4-51 所示。
(10) 双击下方的选项卡,将工作表名称改为"子类别销售额占比"。

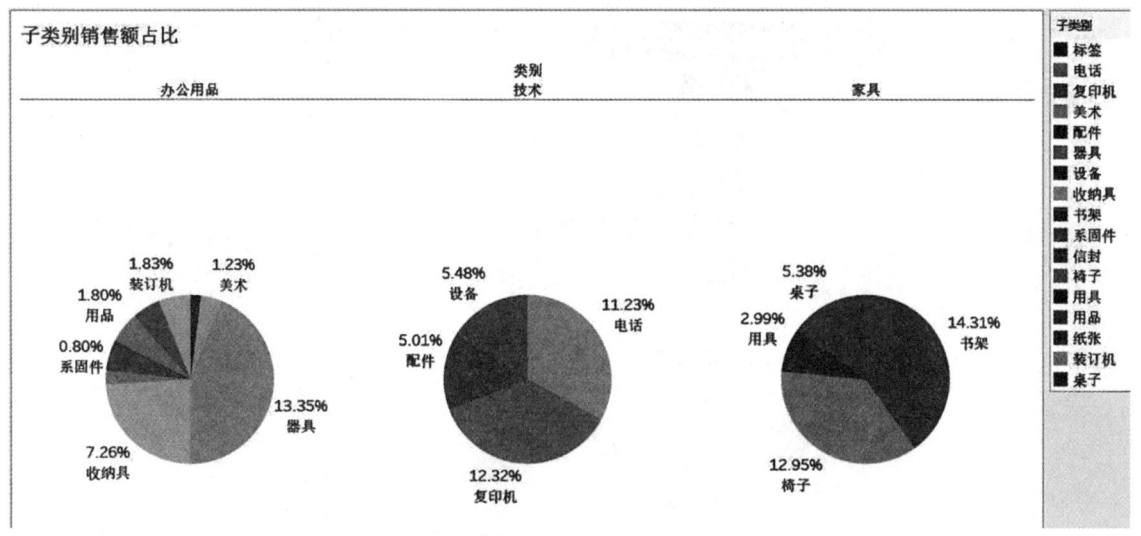

图 4-51 子类别销售占比饼图

5. 制作各类别利润占比饼图
(1) 如图 4-52 所示,右击复制工作表"类别销售额占比"。

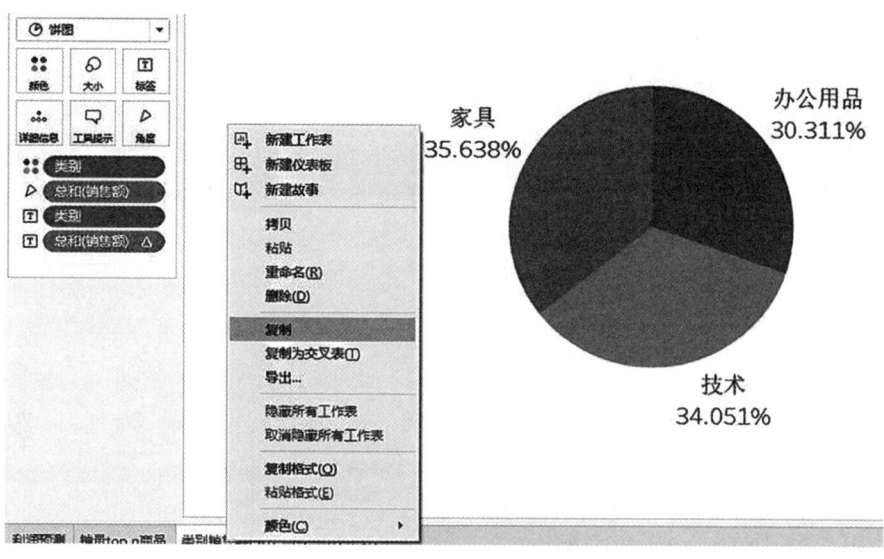

图 4-52 复制工作表

(2)将复制出的工作簿中【标记】选项卡的【销售额】标签和角度移除,将【利润】拖至【角度】和【标签】,如图 4-53 所示。

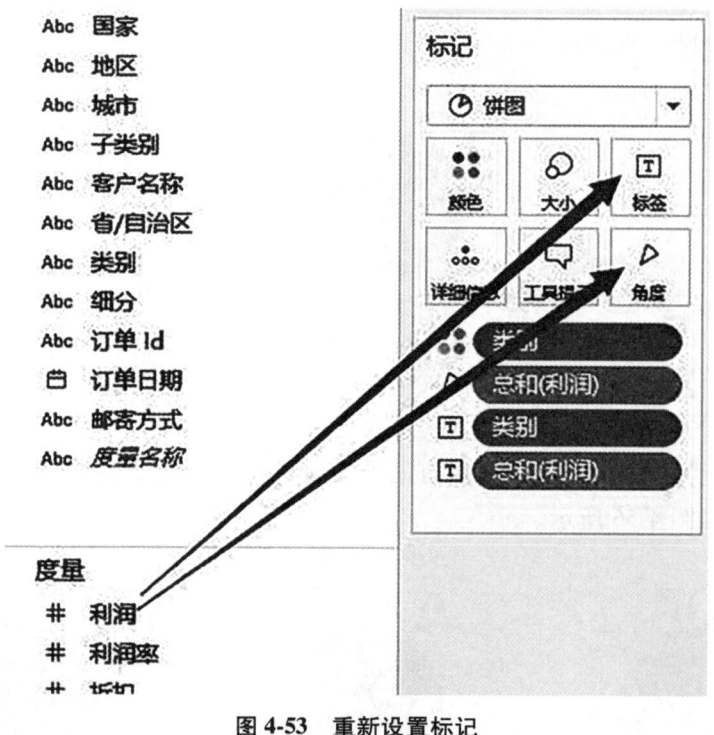

图 4-53 重新设置标记

(3)右击标签【利润】,设置【快速表计算】→【合计百分比】,如图 4-54 所示。

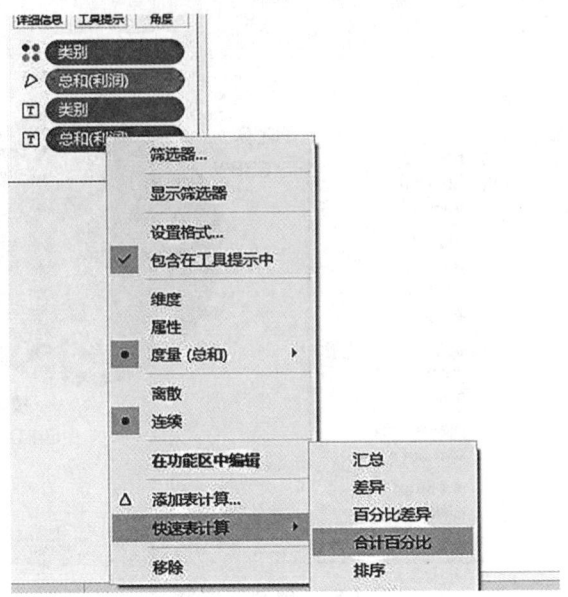

图 4-54 设置合计百分比

（4）最终饼图如图 4-55 所示，可以看出家具利润占比相对较少，办公用品利润占比相对较多。双击下方的选项卡，将工作表名称改为"类别利润占比"。

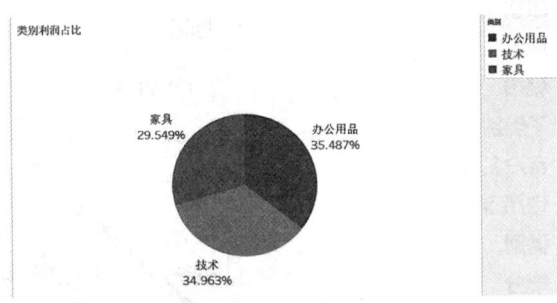

图 4-55 最终效果图

6. 制作子类别利润瀑布图

如果绘制子类别利润饼图，会发现有的子类别利润为负值，此时饼图不再适合展示子类别的利润占比，如图 4-56 所示。

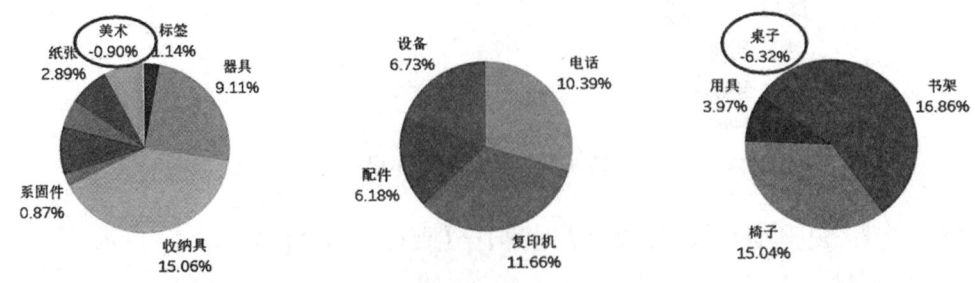

图 4-56 子类别利润饼图

学习情境四　用 Tableau 对家具电商数据可视化分析

瀑布图用绝对值与相对值结合的方式表达数个特定数值之间的数量变化关系，对于一系列具有累计性质的正值/负值具有很好的展示功能。它既可以辅助理解数据的大小，又能直观地展示出数据的增减变化，因此可以用瀑布图展示子类别利润大小。

（1）新建工作表。
（2）如图 4-57 所示将【子类别】和【利润】分别拖到列和行。

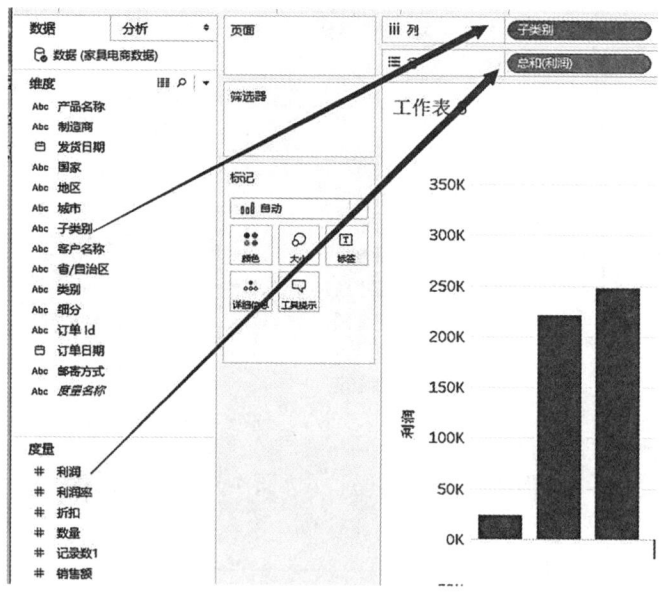

图 4-57　指定行、列

（3）对【利润】添加快速表计算【汇总】，如图 4-58 所示，设置计算依据为【子类别】，如图 4-59 所示。

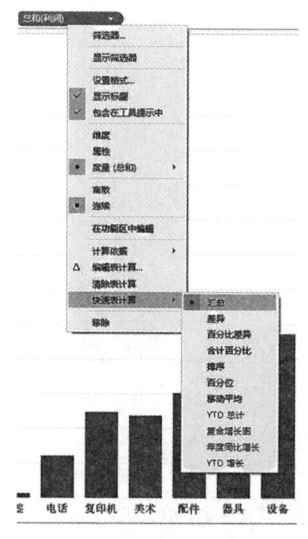
图 4-58　添加快速表计算

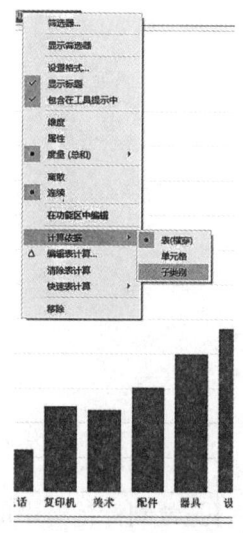
图 4-59　设置计算依据

139

(4) 在标记卡中选择图形为【甘特条形图】,如图 4-60 所示。

(5) 点击如图 4-61 中的【创建计算字段】,在"-利润"界面输入字段表达式为"【利润】*(-1)",如图 4-62 所示。

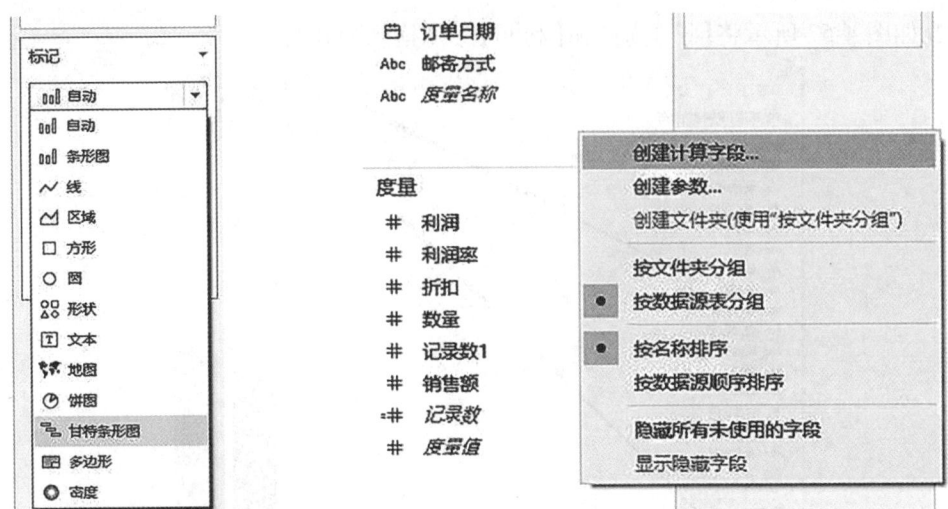

图 4-60　选择标记卡类型为甘特条形图　　　　图 4-61　创建计算字段

图 4-62　设置表达式

(6) 将【-利润】拖放到标记卡中的【大小】,如图 4-63 所示。

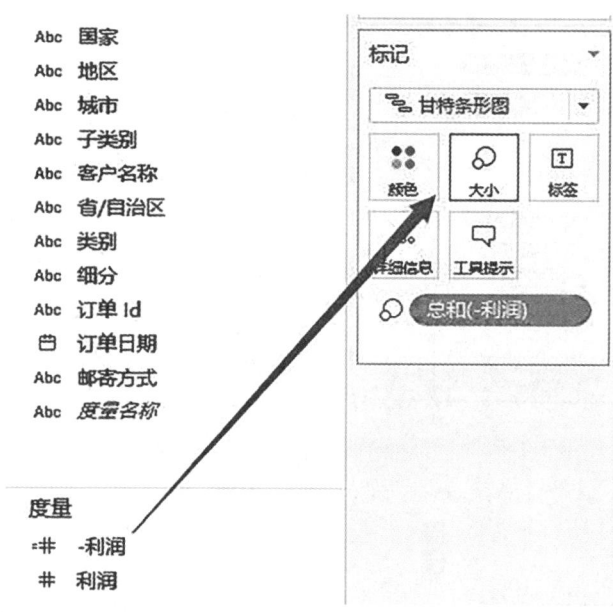

图 4-63 将【-利润】拖至大小

（7）对【子类别】进行排序，如图 4-64 所示。如图 4-65 所示，设置排序依据为【字段】，排序顺序为【降序】，字段名称为【利润】，聚合为【总和】。

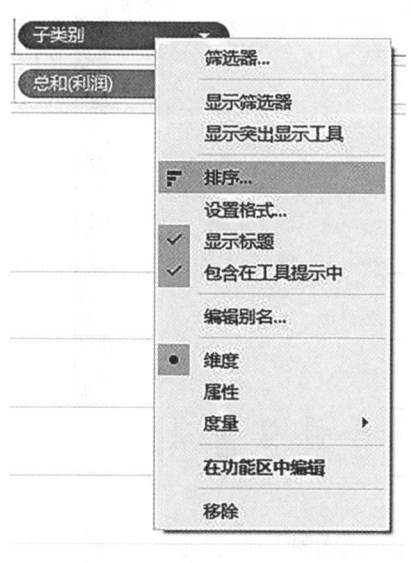

图 4-64 对子类别进行排序

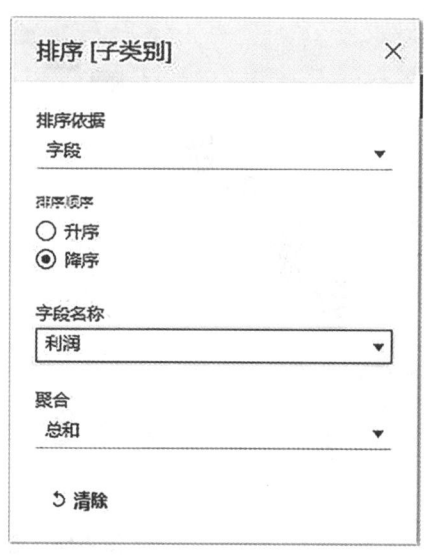

图 4-65 设置排序

（8）在菜单栏选择【分析】→【合计】→【显示行总和】，如图 4-66 所示。

（9）为了显示不同地区对利润的影响方向，将字段【利润】拖放到标记卡中的【颜色】，如图 4-67 所示。

图 4-66 显示行总和　　　　　　　图 4-67 将利润拖至颜色

子类利润瀑布图创建效果如图 4-68 所示。

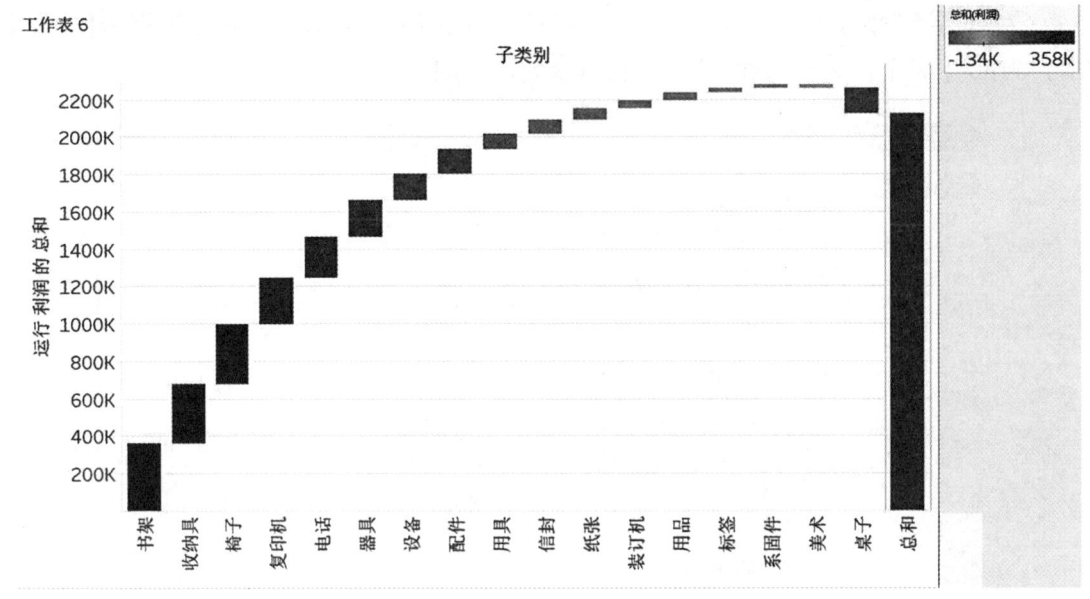

图 4-68 运行利润总和瀑布图

如图所示，利润最高的子类别是书架，美术子类别和桌子子类别处于亏损状态，总体盈利是大于亏损的。

（10）双击下方的选项卡，将工作表名称改为"子类别利润瀑布图"。

7. 制作各类别商品的销售额和利润散点图，并绘制趋势线

（1）新建工作表。

（2）如图 4-69 所示将【类别】、【子类别】和【销售额】拖入列，将【利润】拖入行。

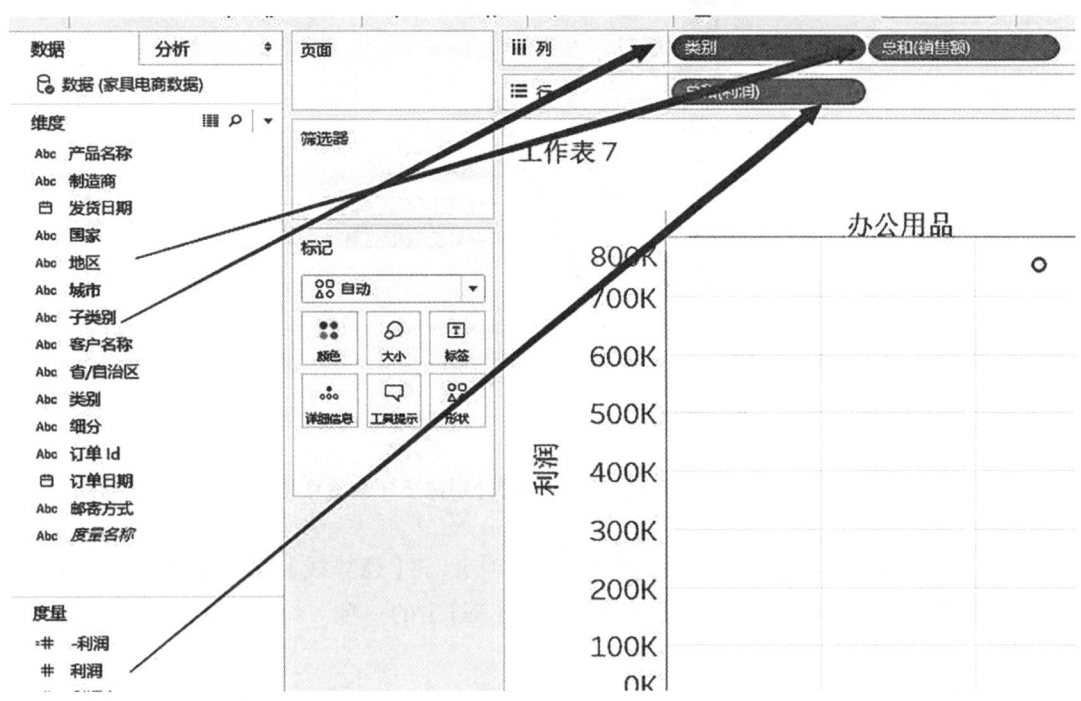

图 4-69　指定行、列

（3）在【分析】菜单项下解聚合，如图 4-70 所示。

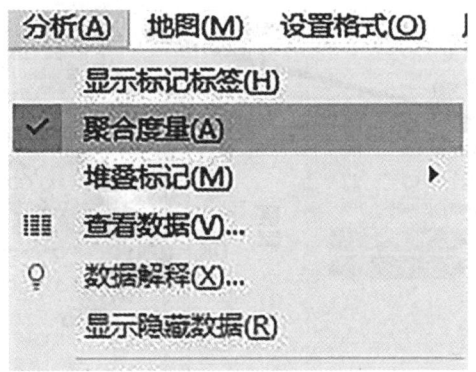

图 4-70　解聚合

（4）将字段【订单 Id】拖到标记卡的【详细信息】，将字段【利润率】拖到标记卡的【颜色】，如图 4-71 所示。

（5）接下来为散点图添加趋势线，添加趋势线的方法有三种。

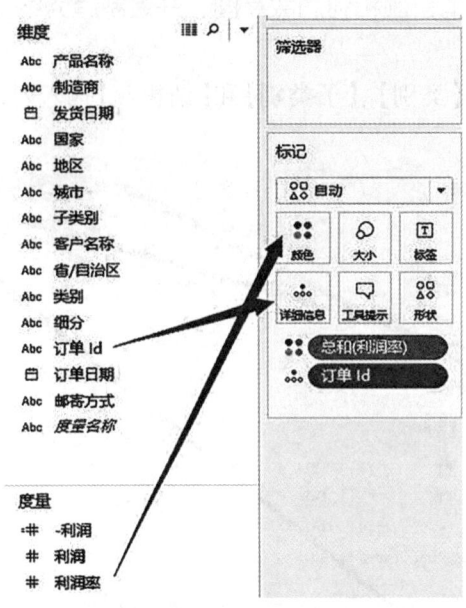

图 4-71　将【订单 Id】和【利润率】分别拖至详细信息和颜色

方法 1：点击【数据】选项卡右侧的【分析】选项卡，将【趋势线】拖入如图 4-72 所示视图区中出现的【线性】、【对数】、【指数】、【多项式】、【幂】中的一项。

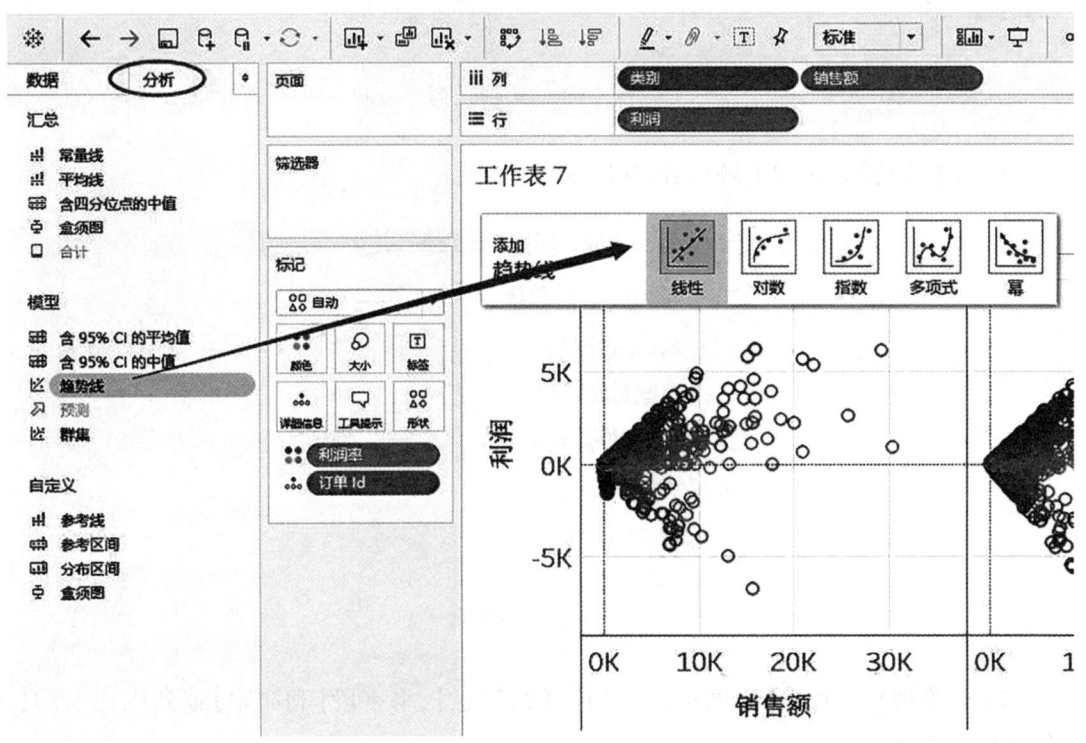

图 4-72　从分析选项卡添加趋势线

方法 2：如图 4-73 所示，点击菜单栏【分析】→【趋势线】→【显示趋势线】。

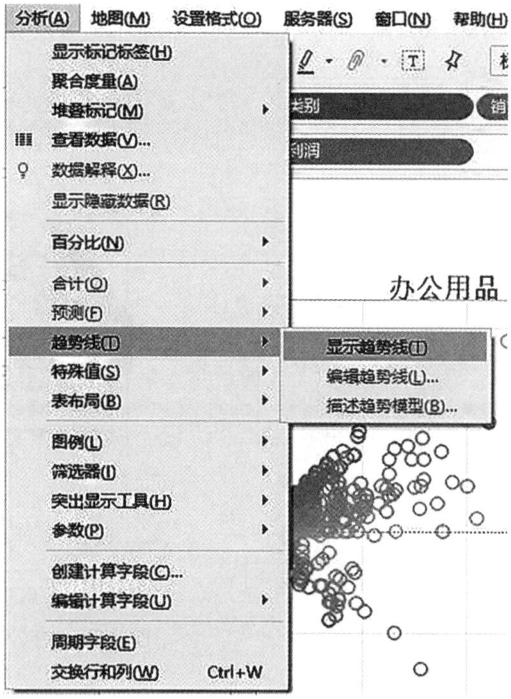

图 4-73　从分析菜单添加趋势线

方法 3：在视图任意区域单击右键，选择【趋势线】→【显示趋势线】，如图 4-74 所示。

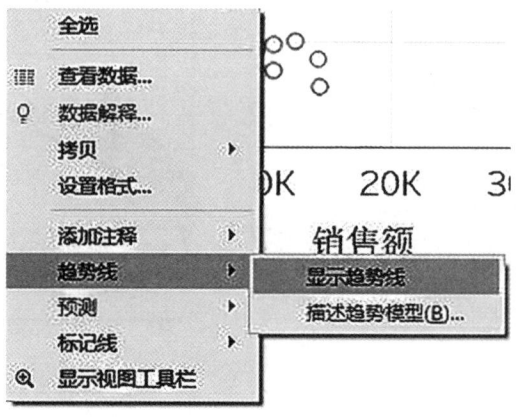

图 4-74　从视图添加趋势线

如图 4-75 所示，在【趋势线选项】窗口中，可以选择【线性】、【对数】、【指数】或【多项式】模型类型。【显示置信区间】会显示上和下 95% 置信区间线，但【指数】模型不支持置信区间。如果需要让趋势线从原点开始，可以设置【将 Y 截距强制为零】。

三种方法的效果一致。生成趋势线后将鼠标悬停在趋势线上，这时可以查看趋势线方程和模型的拟合情况,如图 4-76、图 4-77、图 4-78 所示。

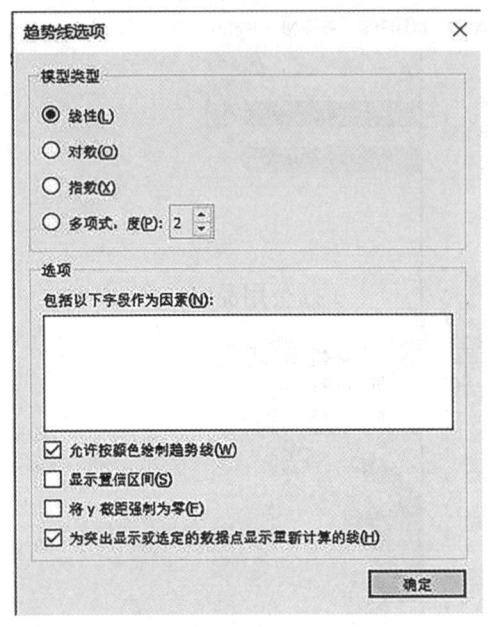

图 4-75 趋势线选项窗口

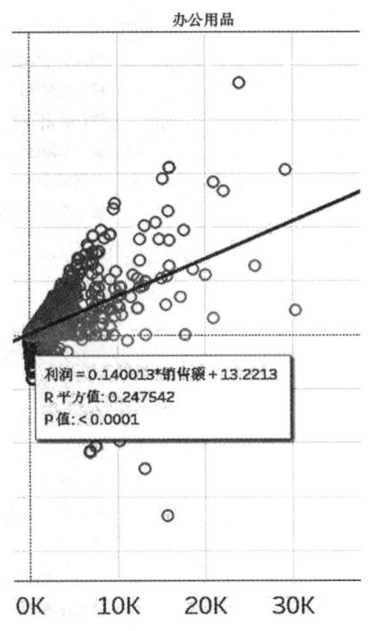

图 4-76 办公用品趋势线拟合情况

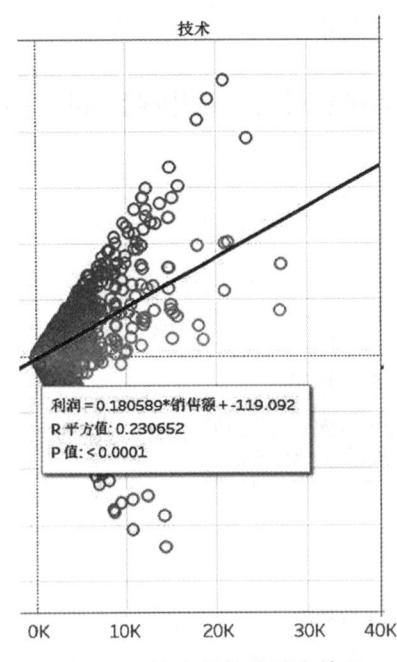

图 4-77 技术趋势线拟合情况

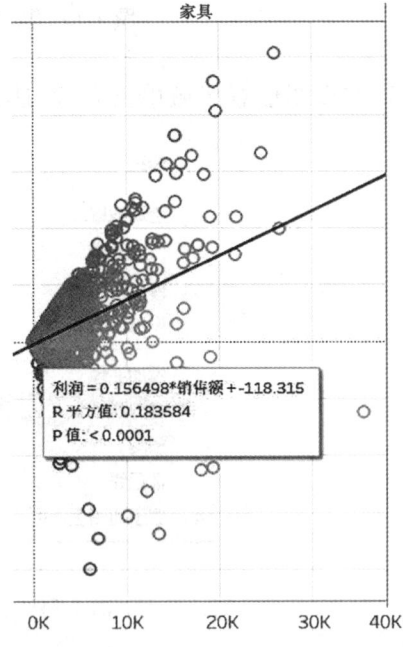

图 4-78 家具趋势线拟合情况

其中,图 4-76~图 4-78 中的 R 平方值和 P 值的含义如下。

① R 平方值

模型的拟合优度度量,用于评价模型的可靠性。数值大小可以反映趋势线的估计值与对应的实际数据之间的拟合程度。

② P 值(显著性)

模型显著性 P 值越小代表模型成立的可能性越高,值小于 0.0001 说明该模型具有较高的统计显著性。

(6) 双击下方的选项卡,将工作表名称改为"商品销售额、利润散点图"。

8. 制作各地区客户数量、销售额、销量、客单价、利润条形图

(1) 新建一个工作簿。

(2) 参照图 4-79 创建【客单价】计算字段,表达式为"SUM(【销售额】)/COUNTD(【客户名称】)",如图 4-80 所示。

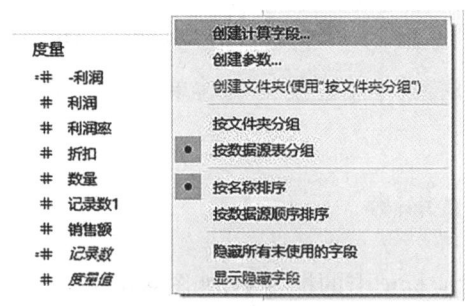
图 4-79 创建计算字段

图 4-80 计算字段表达式

(3) 将【地区】字段拖入行,【客户名称】、【销售额】、【数量】、【客单价】、【利润】字段拖入列,如图 4-81 所示。

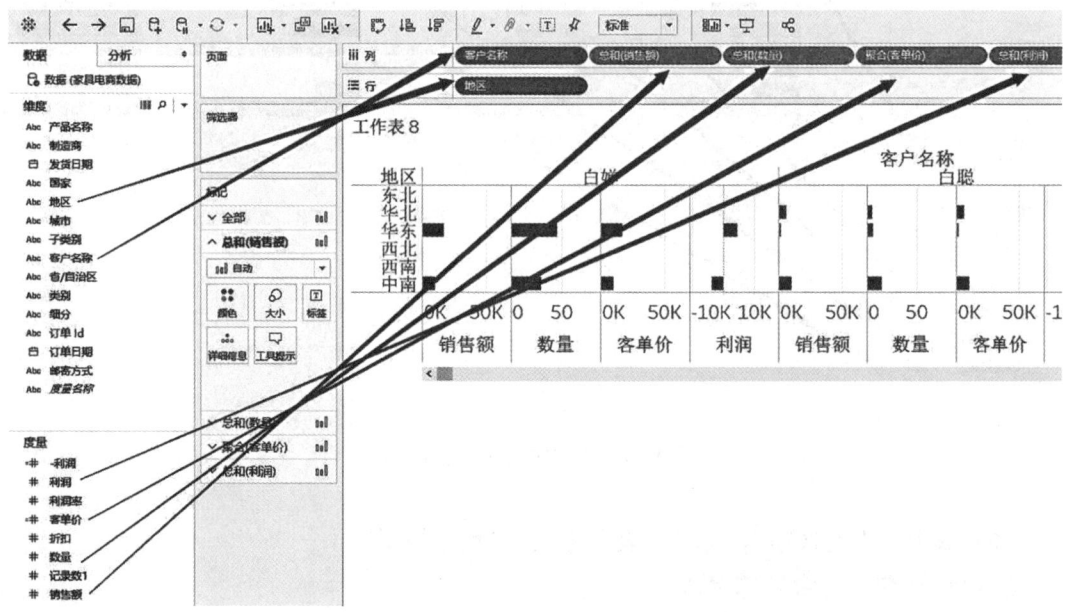
图 4-81 指定行、列

(4) 右击列中的【客户名称】,选择【度量】→【计数】,如图 4-82 所示。

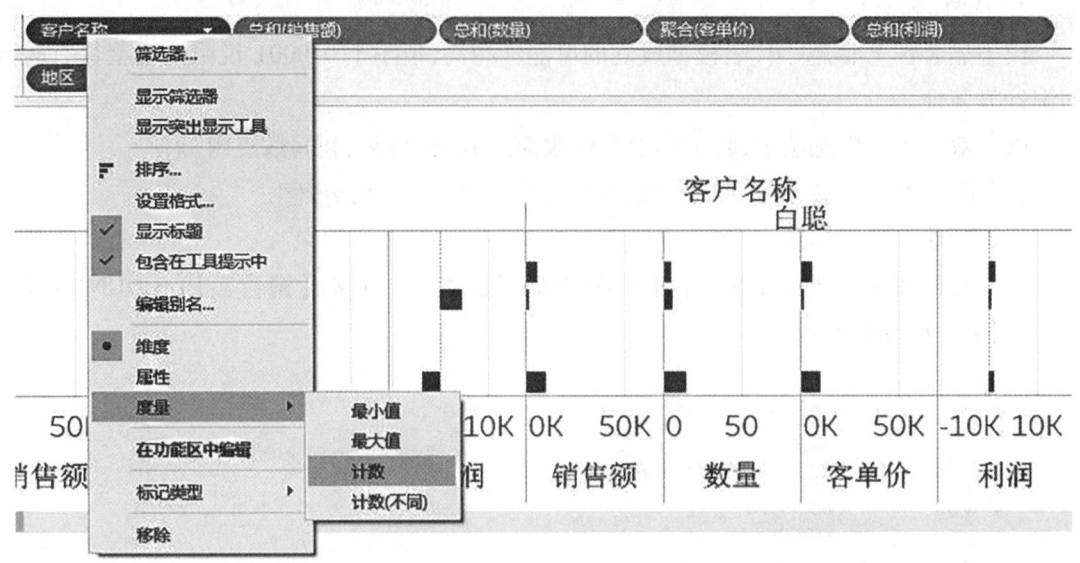

图 4-82　选择度量为计数

(5) 按住【Ctrl】键,将列中的字段依次拖入对应标记卡的标签中,如图 4-83 所示。

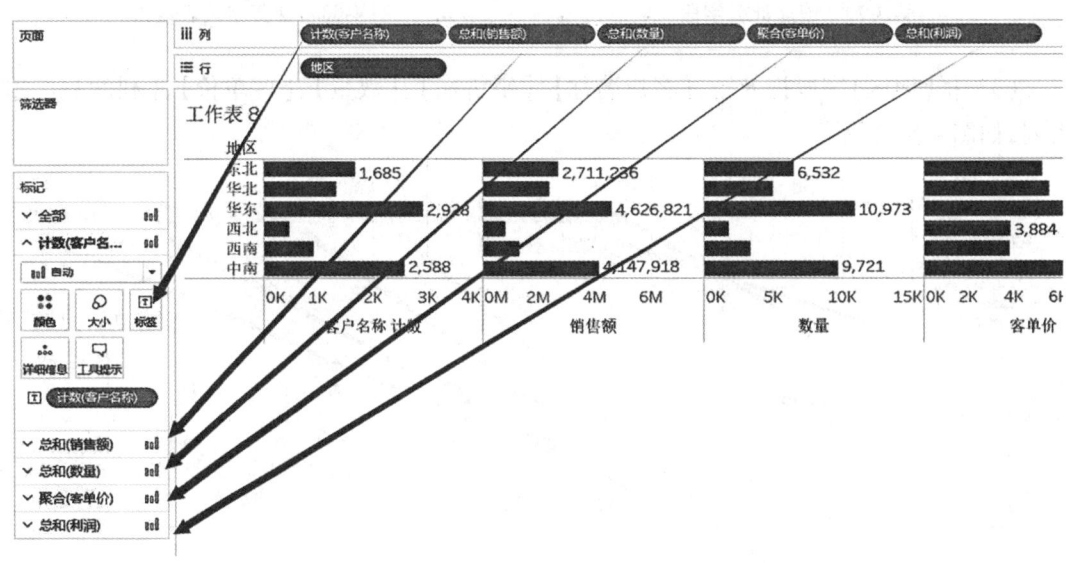

图 4-83　将列中的字段拖至标签

(6) 双击下方的选项卡,将工作表名称改为"地区情况"。

9. 制作客户销售金额帕累托图

帕累托图是按照一定的类别,根据数据计算出其分类所占的比例,用从高到低的顺序排列成矩形,同时展示比例累积和的图形,主要用于分析导致结果的主要因素。帕累托图与帕累托法则(又称为"二八原理",即80%的结果是20%的原因造成的)一脉相承,通过图形体现"至关重要的极少数"和"微不足道的大多数"两点重要信息。

这里以客户的销售金额数据创建帕累托图,以观察大多数销售金额集中在前百分之多少的客户中。

(1)新建工作表。

(2)为了求出某客户之前(按照横轴从左往右)的所有客户销售金额总和占总销售金额的百分比,创建计算字段【销售金额总额百分比】,如图4-84所示,表达式为"RUNNING_SUM(sum(【销售额】))/TOTAL(sum(【销售额】))",如图4-85所示。

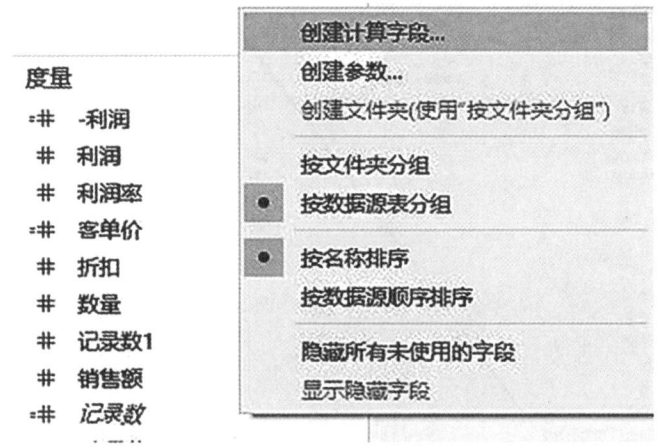

图4-84　创建计算字段

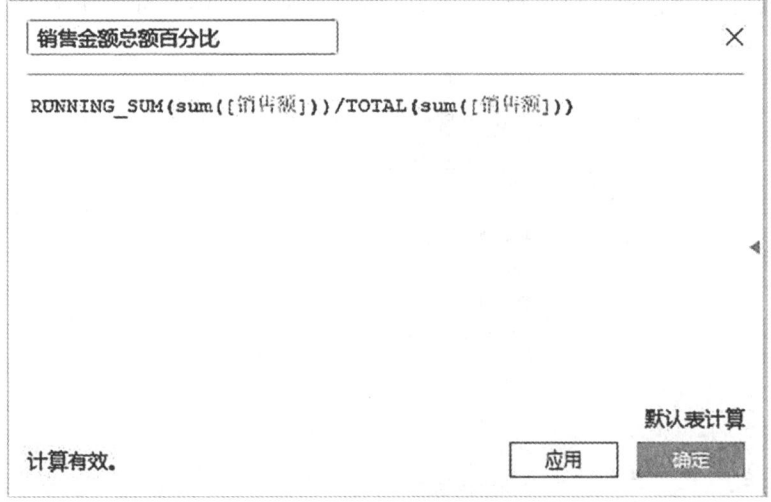

图4-85　计算字段表达式

(3)将【客户名称】拖放到列,将【销售金额总额百分比】拖放到行,如图4-86所示。

149

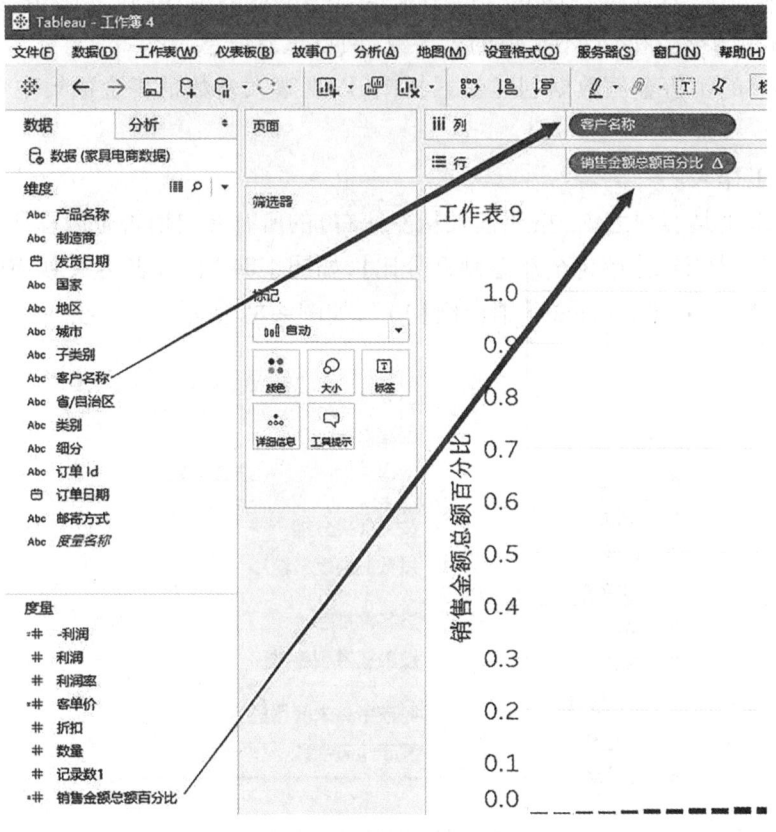

图 4-86　指定行、列

（4）将【销售金额总额百分比】计算依据设置为【客户名称】，如图 4-87 所示。

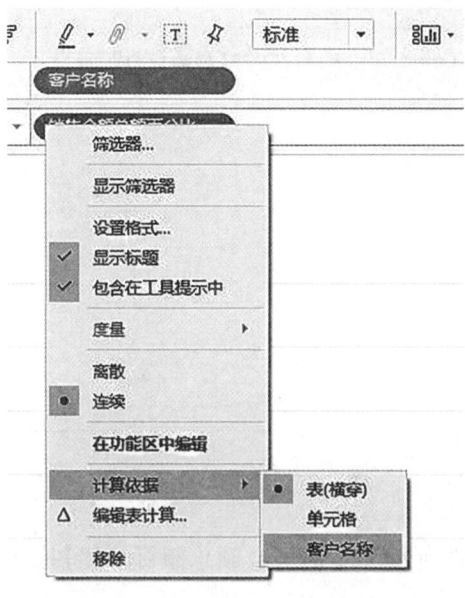

图 4-87　设置计算依据为客户名称

(5) 设置视图为【适合宽度】,如图 4-88 所示。

图 4-88　设置视图为适合宽度

(6) 对【客户名称】进行排序,如图 4-89 所示,按照【销售额】的【总和】降序排列,如图 4-90 所示。

图 4-89　对客户名称排序

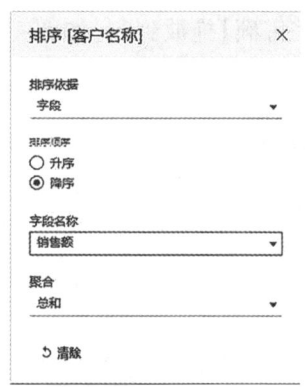

图 4-90　设置按销售额综合降序排列

(7) 在标记卡中选择图形为【线】图,如图 4-91 所示。所得结果如图 4-92 所示。

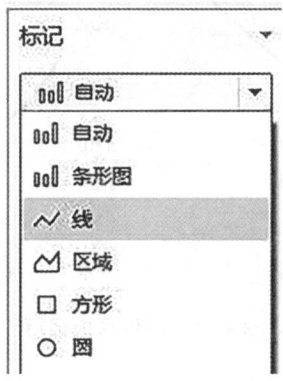

图 4-91　设置标记卡类型为线图

151

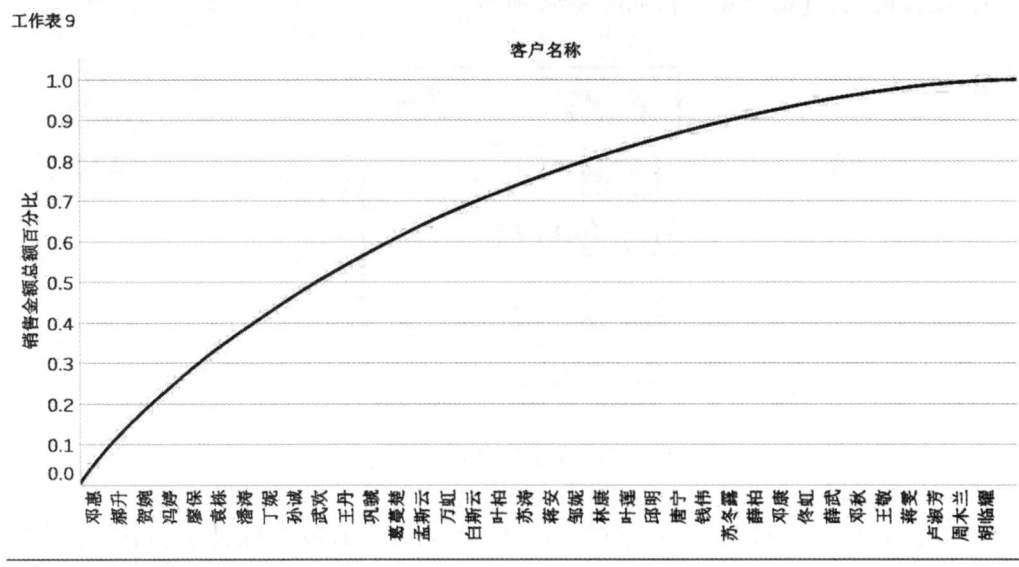

图 4-92　销售总额百分比累计曲线

（8）将【销售额】拖放到行，如图 4-93 所示。

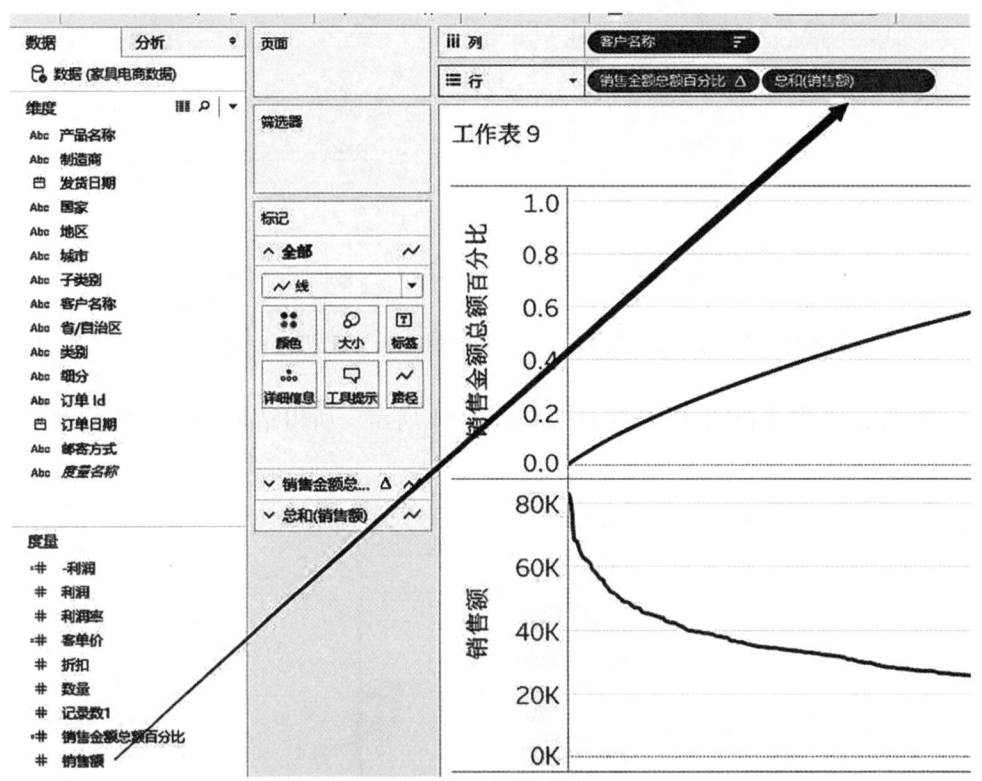

图 4-93　销售额拖至行

（9）调整【标记】卡中的【销售额】为【条形图】，如图4-94所示（注意此时有多个标记卡）。

（10）如图4-95所示，在字段【销售额】处单击右键，在弹出的下拉列表中选择【双轴】。

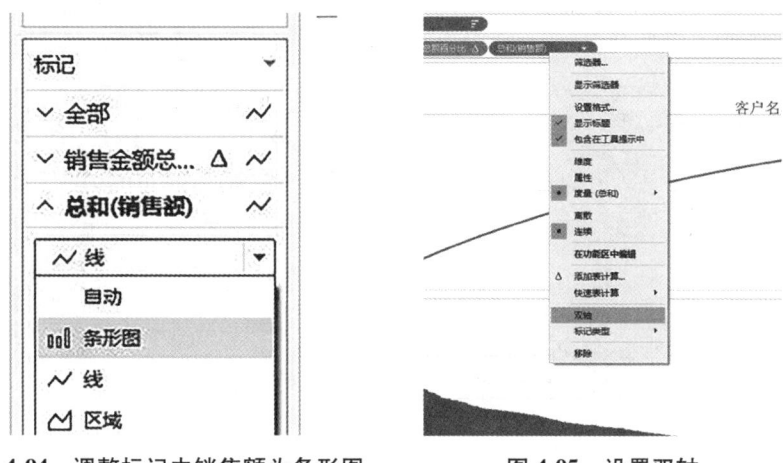

图4-94　调整标记中销售额为条形图　　图4-95　设置双轴

（11）为了使【销售额】显示在左轴（因图形需要），将【销售金额总额百分比】拖至【销售金额】右侧，如图4-96所示。

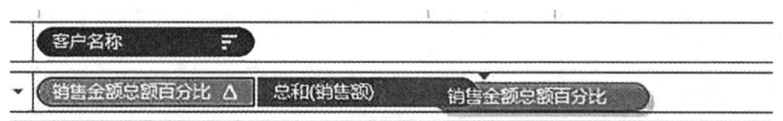

图4-96　调整字段顺序

（12）由于横轴的客户较多，为了更好地表示分布，可以将横轴转换为客户总数量的百分比。创建如图4-97所示的计算字段【%客户】，表达式为"index( )/size( )"。

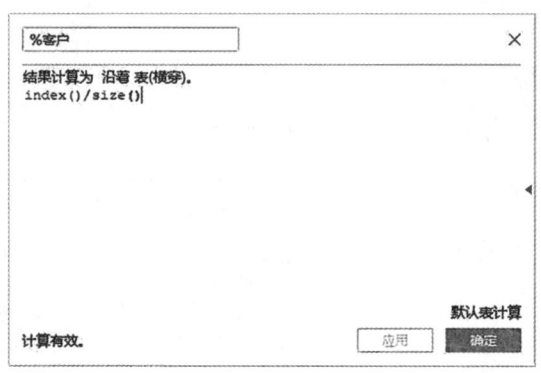

图4-97　设置计算字段表达式

（13）将创建的字段【%客户】拖放到列，如图4-98所示。

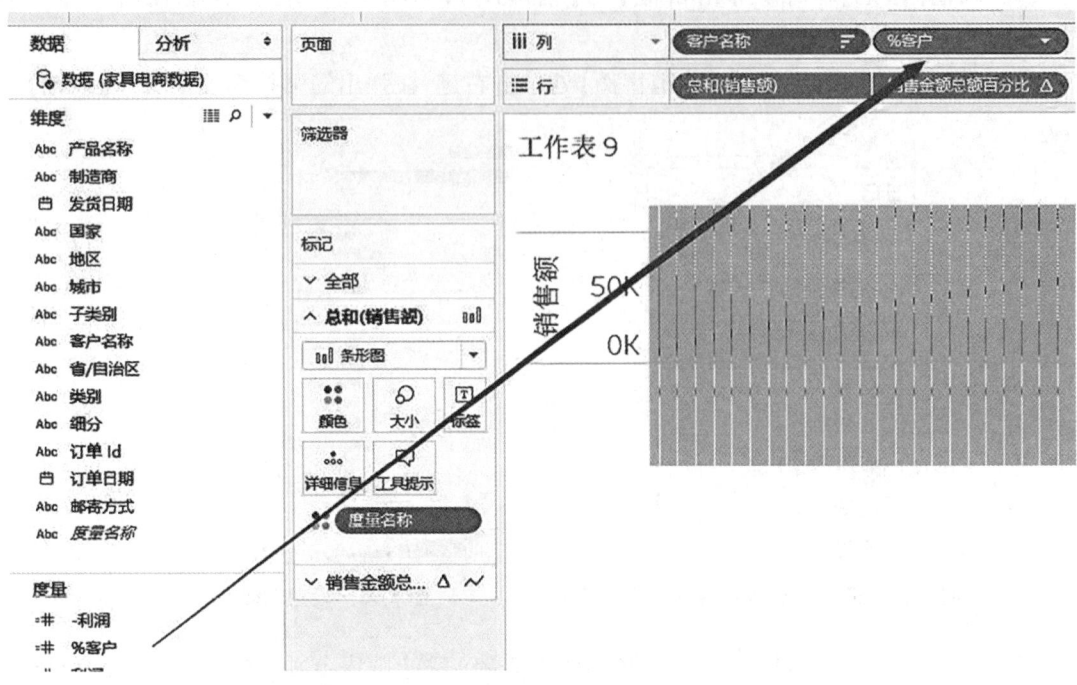

图 4-98 将%客户拖至列

(14) 设置计算依据为【客户名称】,如图 4-99 所示。

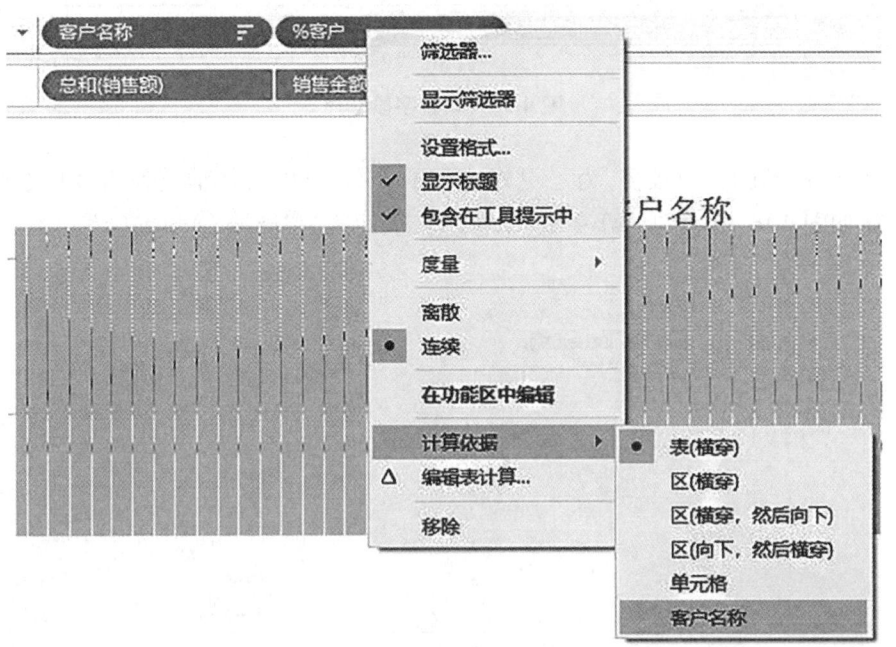

图 4-99 设置计算依据为客户名称

（15）如图 4-100 所示，将原有字段【客户名称】拖至标记卡上的【全部】页内的【详细信息】。

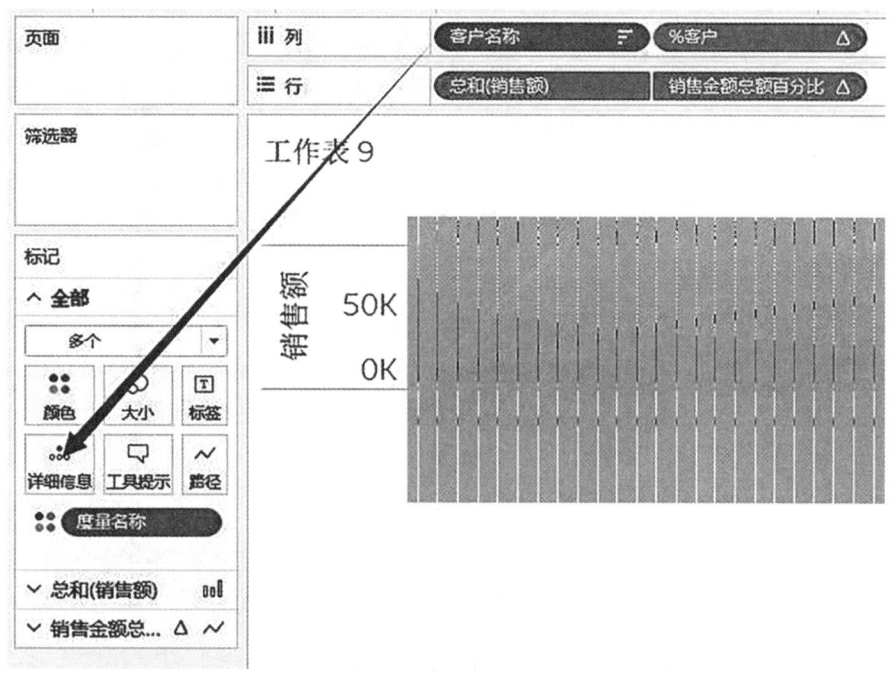

图 4-100　将客户名称拖至详细信息

（16）如图 4-101 所示，设置右轴（销售金额总额百分比）的数字格式；如图 4-102 所示，设置【轴】中数字格式为【百分比】，小数位数为【0】。

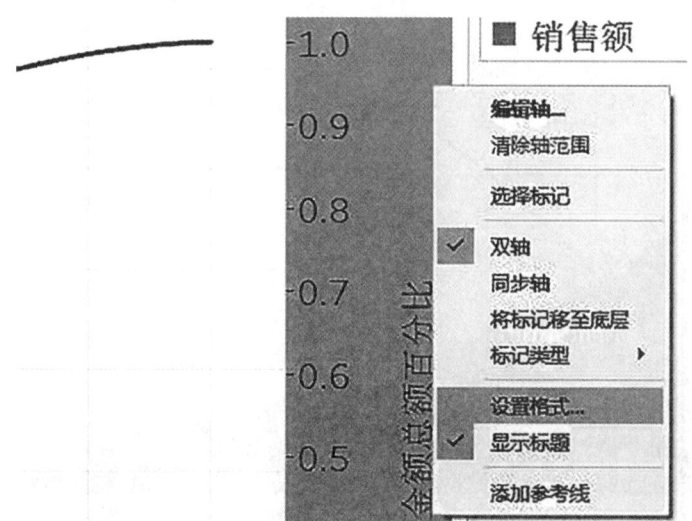

图 4-101　打开设置格式

图 4-102　设置数字格式

得到的效果如图 4-103 所示,可见基本的帕累托图已经成形。

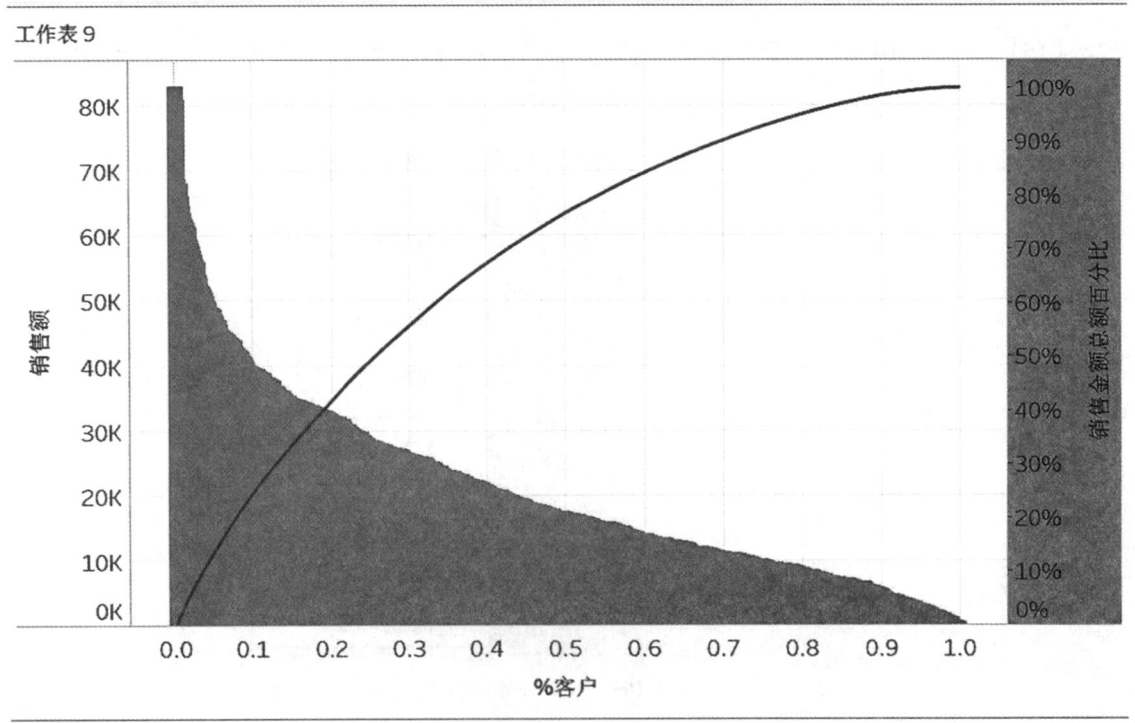

图 4-103　基本的帕累托图

（17）为了直观地显示"至关重要的极少数"是多少，如图 4-105 所示，创建参数"总额百分比参数"。如图 4-104 所示，数据类型为【浮点】数，【当前值】为 0.8，允许选择的【最小值】为 0,【最大值】为 1,【步长】为 0.01。

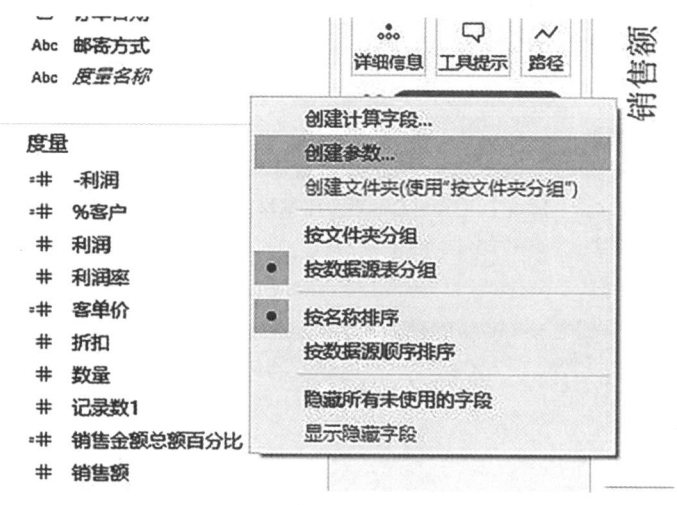

图 4-104　创建参数

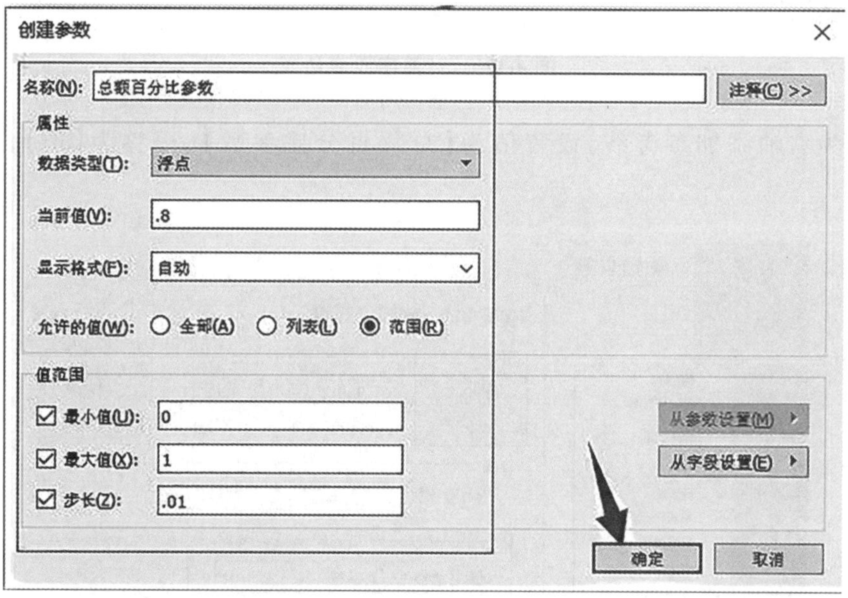

图 4-105　设置参数

（18）为了让累计百分比图的横轴参考线和纵轴参考线的交点落在累计百分比图上，需要创建一个新的字段作为横轴参考线的值的依据。创建计算字段【横轴参考线%】，表达式如下。

> IF【销售金额总额百分比】<=【总额百分比参数】THEN【%客户】
> ELSE NULL
> END

创建方法如图 4-106 所示。

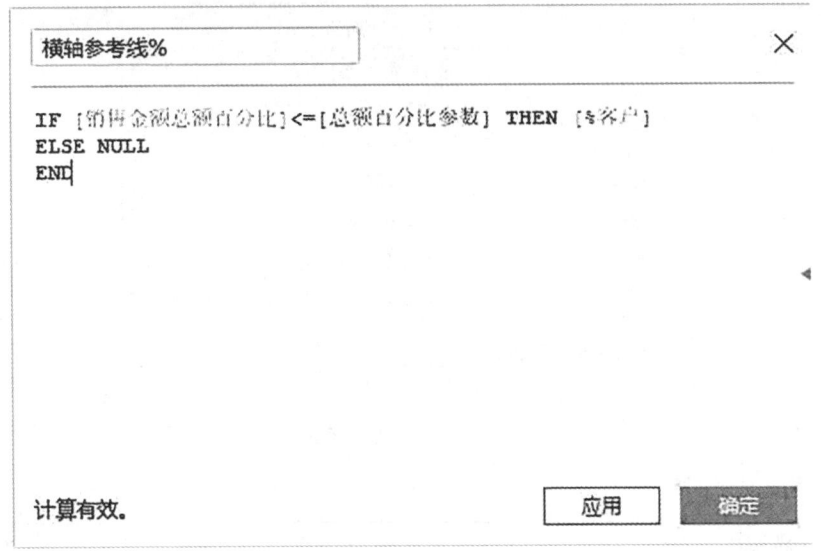

图 4-106 计算字段表达式

（19）为右轴添加参考线，设置值为【总额百分比参数】，标签为【值】，如图 4-107 所示。

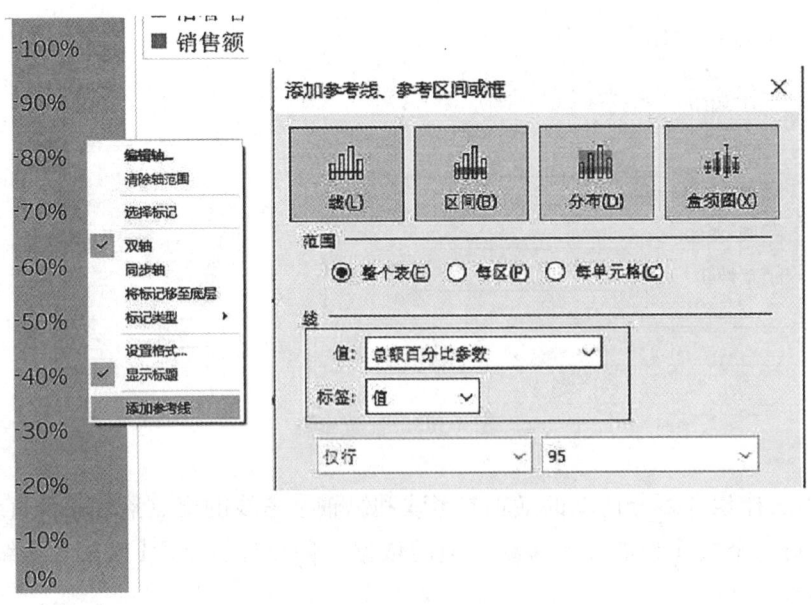

图 4-107 添加参考线

（20）将【横轴参考线%】拖到标记卡上的【全部】页内的【详细信息】,如图 4-108 所示。

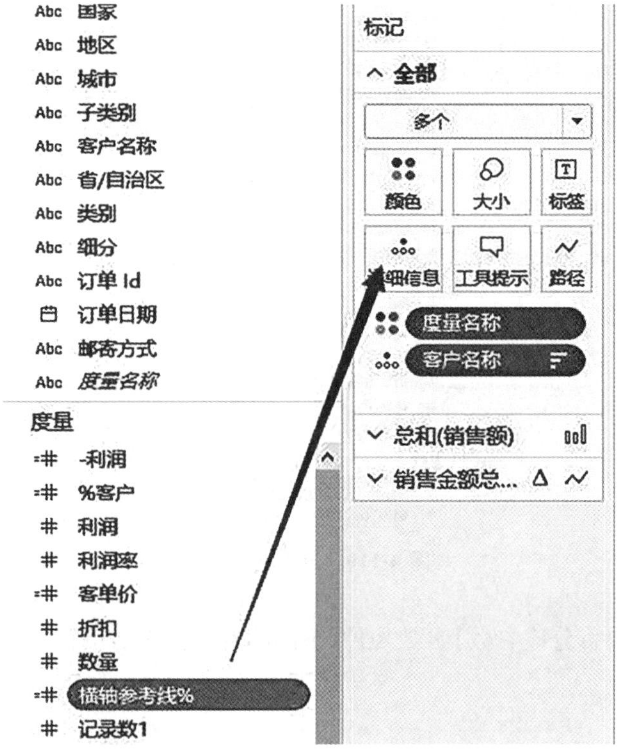

图 4-108　将【横轴参考线%】拖至【详细信息】

（21）如图 4-109 所示为横轴添加参考线,设置值为【横轴参考线%】的【最大值】,同样设置其标签为【值】。

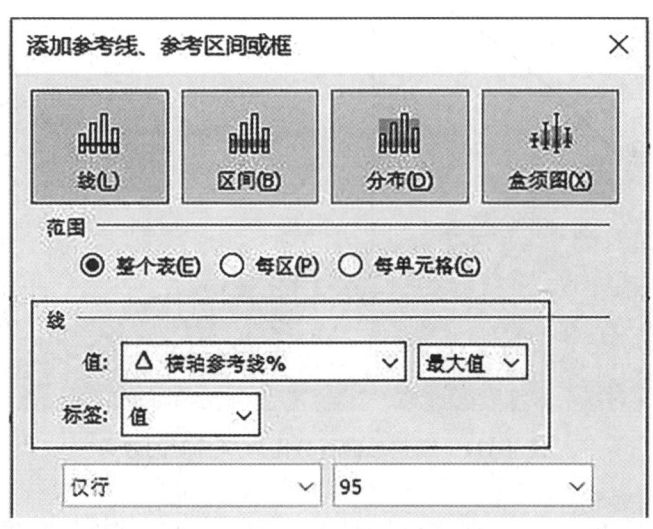

图 4-109　设置横轴参考线

（22）设置【总额百分比参数】显示参数控件，如图4-110所示。

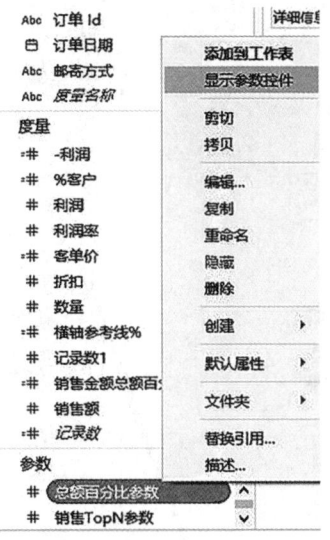

图4-110　显示参数控件

（23）拖动【总额百分比参数】参数控件，不同的百分比参数下得到的效果分别如图4-111、图4-112所示。

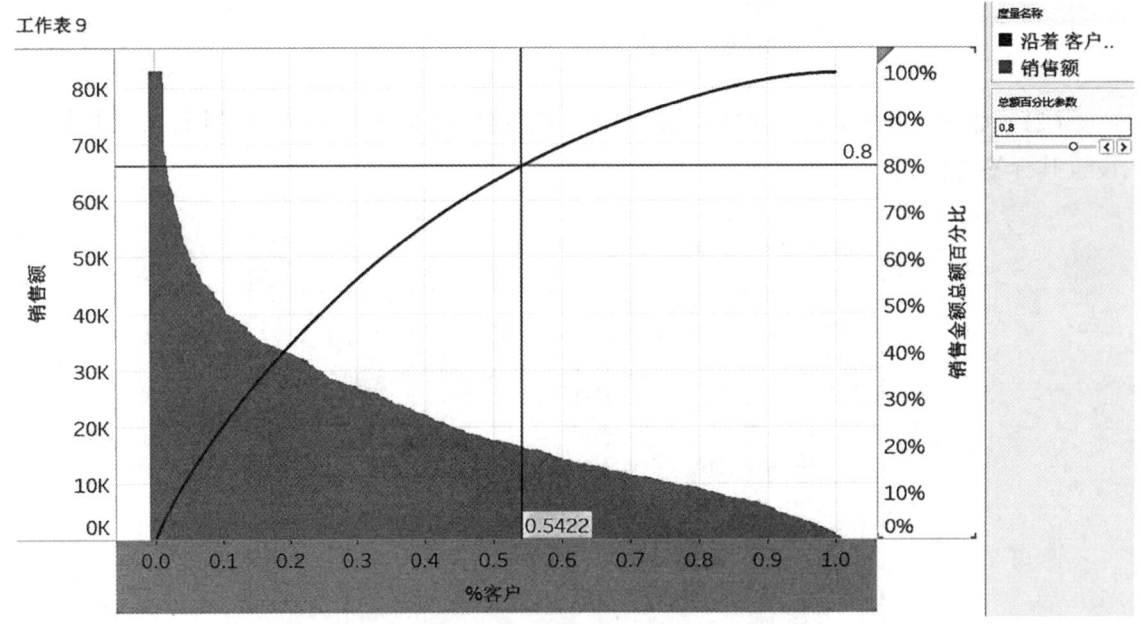

图4-111　调整总额百分比为80%时的效果

（24）从图4-112可以看出，前25.6%的客户占据了50%的销售总金额。双击下方的选项卡，将工作表名称改为"客户销售金额帕累托图"。

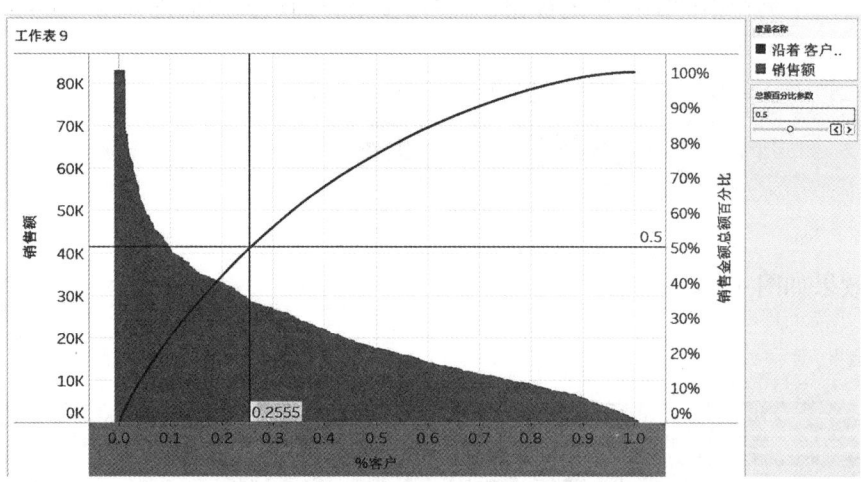

图 4-112 调整总额百分比为 50%时的效果

10. 制作客户销售额条形图

结合客户销售金额帕累托图,为了方便查看客户销售金额排名,再制作一张降序排列的客户销售额条形图。

(1)新建工作表。

(2)如图 4-113 所示,将【客户名称】拖放到行,【销售额】拖放到列。

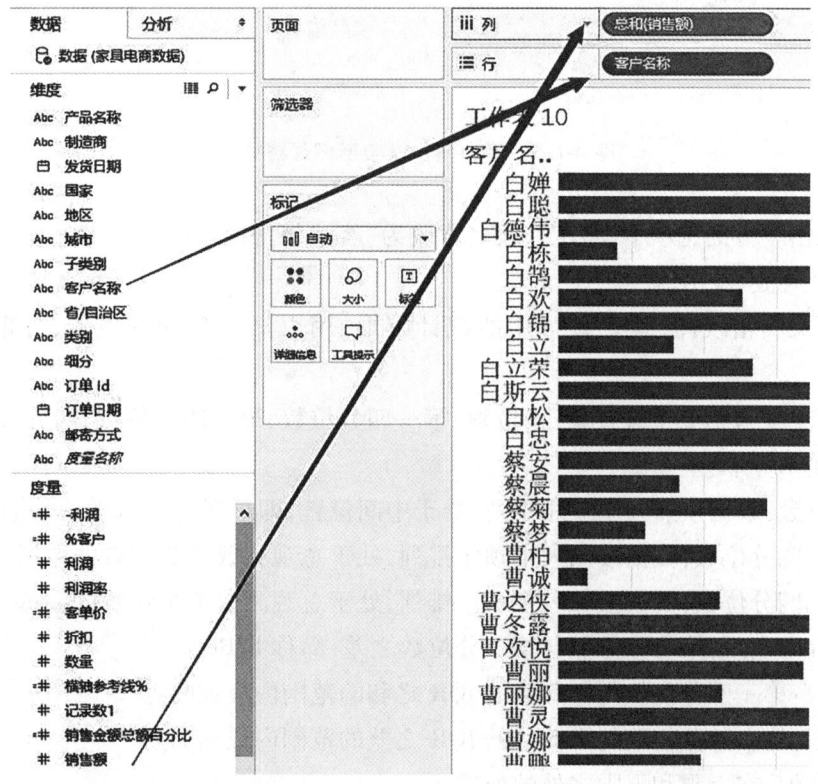

图 4-113 指定行、列

161

（3）点击工具栏中的降序排列按钮，对客户按销售额从高到低排列，如图 4-114 所示。

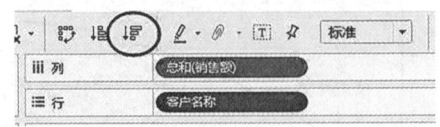

图 4-114　降序排列

制作效果如图 4-115 所示。

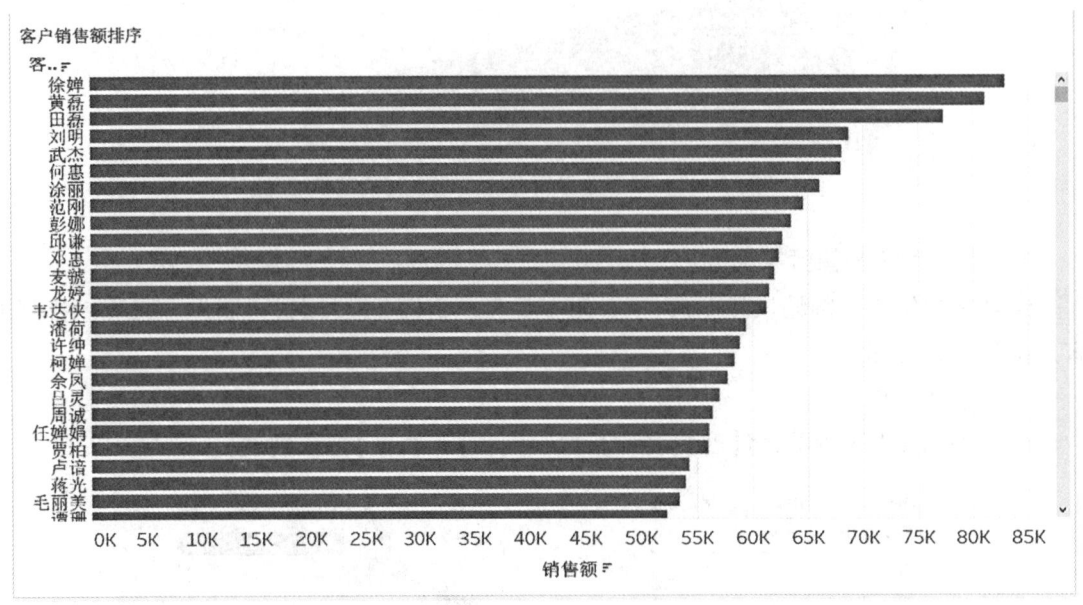

图 4-115　客户销售额条形图最终效果图

（4）双击下方的选项卡，将工作表名称改为"客户销售额排序"。

11. 制作商家发货速度盒须图

盒须图又叫箱线图，是一种常用的统计图形，用以显示数据的位置、分散程度、异常值等。

盒须图主要包括 8 个统计量：中位数、第一四分位数、第三四分位数、四分位全距、上限、下限、异常值和须状。

① 中位数：数据按照大小顺序排列，处于中间位置，即总观测数 50% 的数据。

② 第一四分位数：数据按照大小顺序排列，处于总观测数 25% 位置的数据。

③ 第三四分位数：数据按照大小顺序排列，处于总观测数 75% 位置的数据。

④ 四分位全距：第三分位数与第一分位数之差，简称 IQR。

⑤ 上限：第三四分位数与 1.5 倍的 IQR 之和的范围内最远的点。

⑥ 下限：第一四分位数与 1.5 倍的 IQR 之差的范围内最远的点。

⑦ 异常值：在上限和下限之外的数据。

⑧ 须状：上限与第三四分位数之间以及下限与第一四分位数之间的数据点。

通过绘制盒须图，观测数据在同类群体中的位置，可以知道哪些表现好，哪些表现差；比较四分位全距及线段的长短，可以看出哪些群体分散，哪些群体更集中。

在此对不同的发货方式制作一张盒须图，以观察商家在使用不同发货方式时发货时间的分布情况。

（1）新建工作表。

（2）需要计算发货日期和订单日期的天数差，创建计算字段【发货天数】，表达式为DATEDIFF(´day´,【订单日期】,【发货日期】)，如图 4-116 所示。

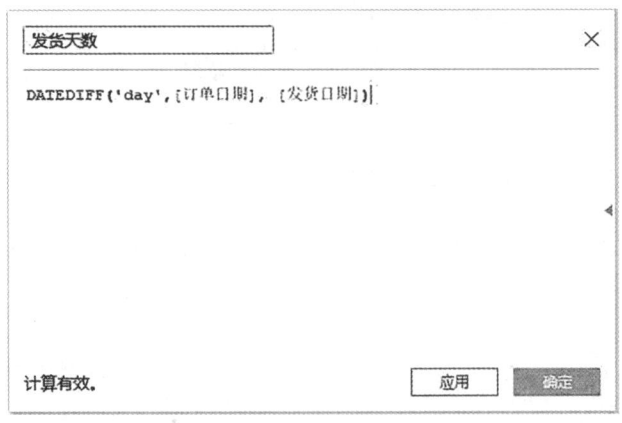

图 4-116　计算字段表达式

（3）将【邮寄方式】拖放到列，将【发货天数】拖放到行，如图 4-117 所示。

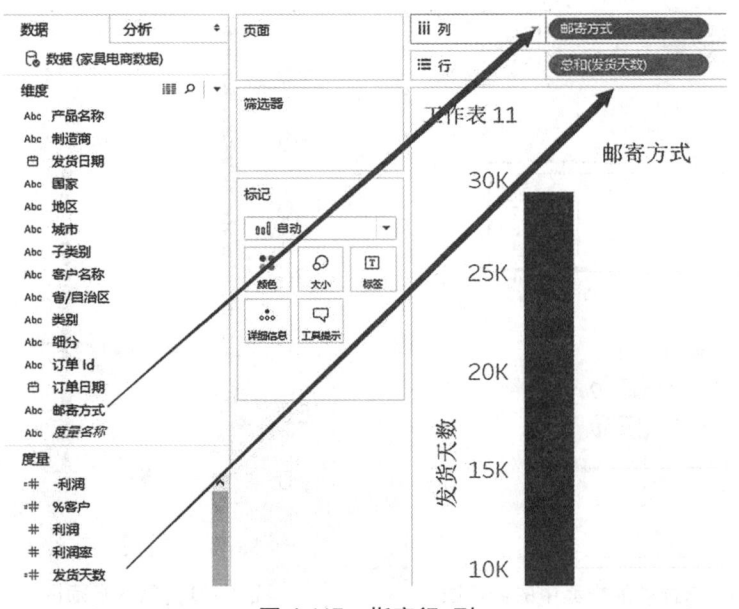

图 4-117　指定行、列

163

(4)将【订单Id】拖入标记卡的【详细信息】,如图4-118所示。

(5)选择图形为【圆】视图,如图4-119所示。

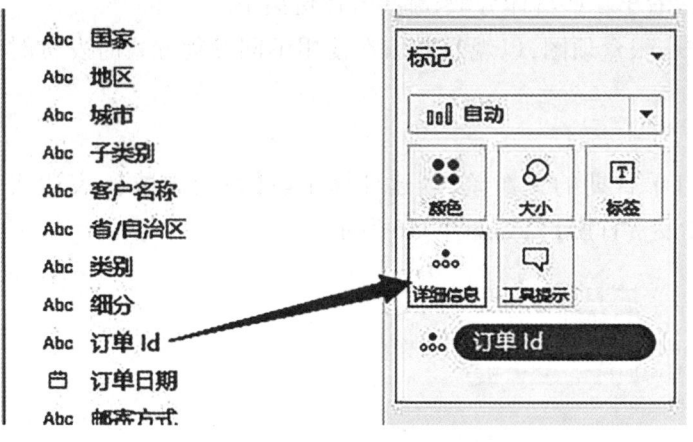

图4-118 将订单Id拖至详细信息　　　　　图4-119 设置标记类型为圆

(6)点击【智能推荐】的盒须图图标,如图4-120所示。得到如图4-121所示的盒须图的效果。

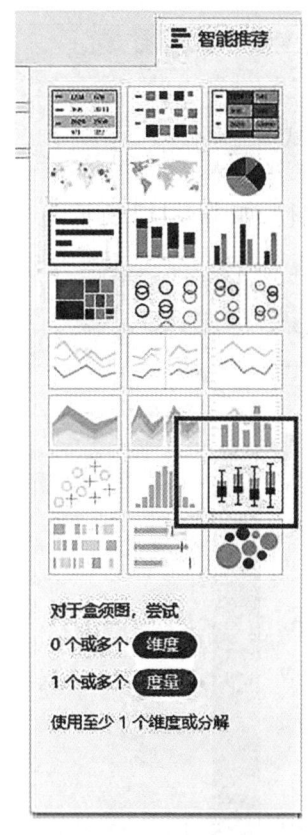

图4-120 选择智能推荐中的盒须图

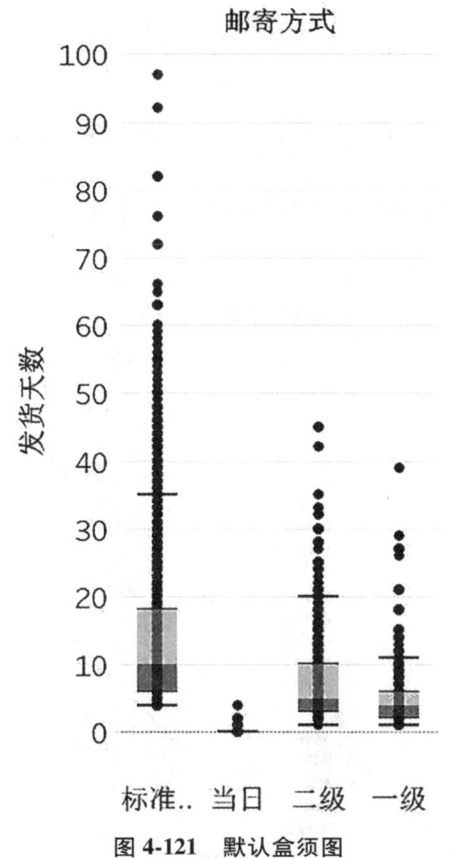

图4-121 默认盒须图

图 4-121 中,所有的点都落在了一条垂直线上,一个点代表一个订单号,很多点都是重叠覆盖的,因此还需要将点水平铺开。

(7) 如图 4-122 所示,创建计算字段【将点散开】,表达式为"index( )%100",这个表达式意味着将订单 Id 按索引号对 100 取余数,于是就能把订单散开在 0~99 这些余数的范围内。

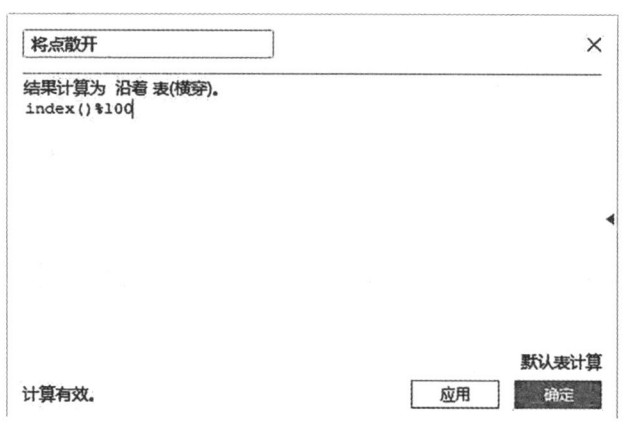

图 4-122　计算字段表达式

(8) 将计算字段【将点散开】拖到列功能区【邮寄方式】的右边,如图 4-123 所示。右击列功能区的【将点散开】,将计算依据设置为【订单 Id】,如图 4-124 所示。

图 4-123　调整列顺序

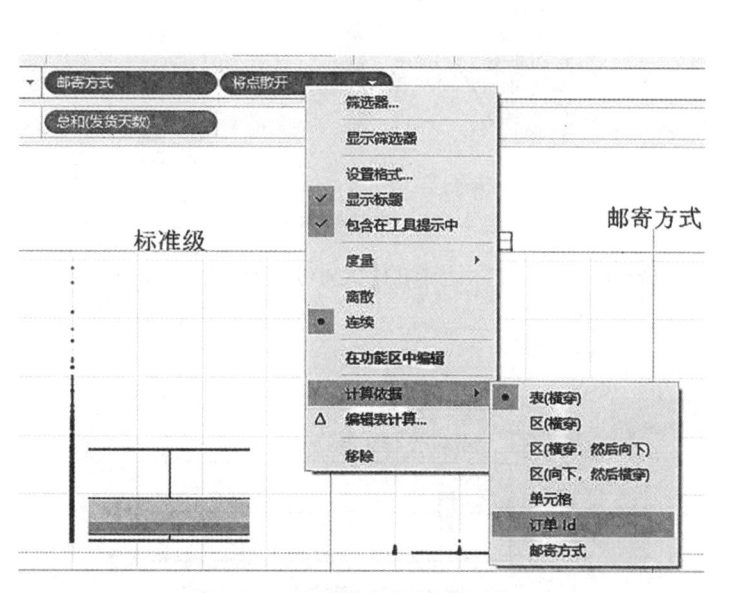

图 4-124　设置计算依据为订单 Id

(9)效果如图 4-125 所示,各个圆点沿水平展开,展开幅度为 100。可以调整【将点散开】的公式来调整散开的幅度。

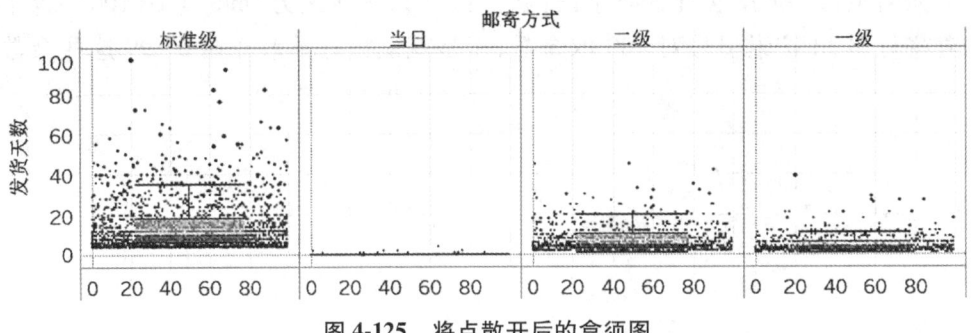

图 4-125　将点散开后的盒须图

(10)为了分析发货速度和订单数量是否有关,将【数量】拖放到【标记】卡中的【大小】,如图 4-126 所示。

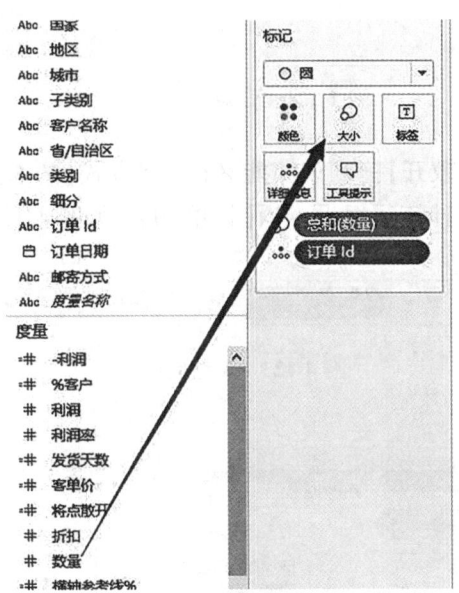

图 4-126　将数量拖至大小

(11)由于圆点比较小,可以对标记卡的【大小】进行调节,如图 4-127 所示。

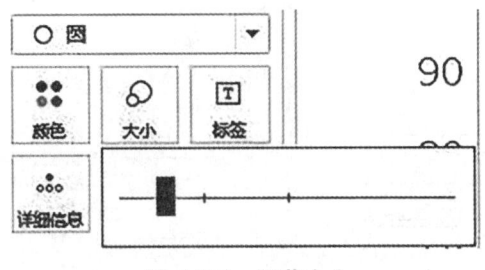

图 4-127　调节大小

（12）为了使图形更美观，将【邮寄方式】拖放到【颜色】，调整视图大小为【整个视图】，如图4-128所示。

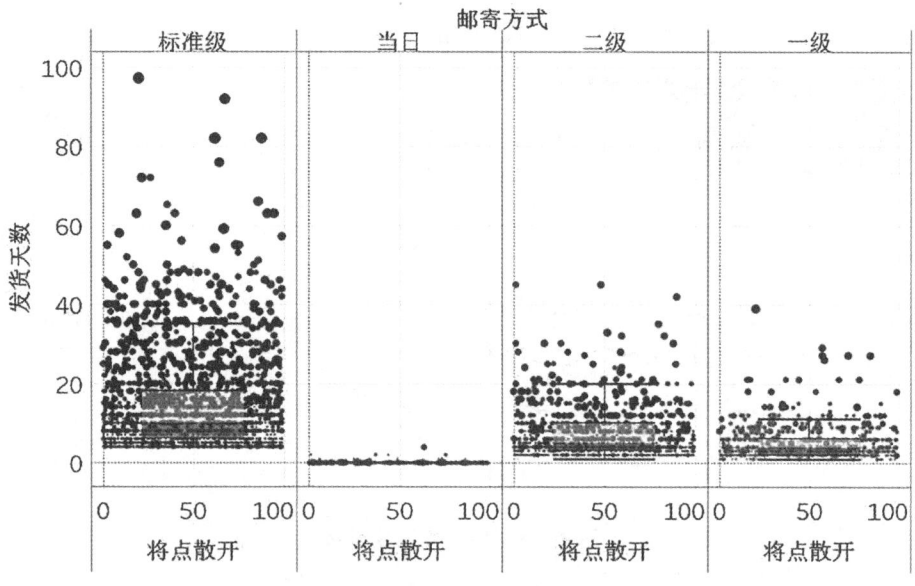

图4-128　商家发货速度盒须最终效果

从上图可以看出，邮寄方式为【当日】时发货速度最快，为【标准级】时发货速度最慢，并且订单中商品数量越多发货速度越慢。

（13）双击下方的选项卡，将工作表名称改为"发货天数情况"。

4.5.4　工作环节四：整合图表制作仪表板

在前面的工作环节中，一共制作了11个可视化图表，这些图表中有些相互之间存在关联，可以用仪表板对有关联性的图表进行组合显示。步骤如下。

（1）从工具栏或软件底部新建一个仪表板，如图4-129、图4-130所示。

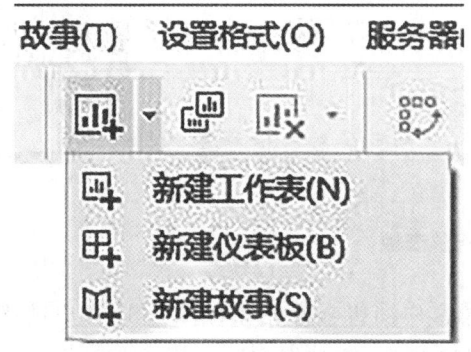

图4-129　从工具栏新建仪表板

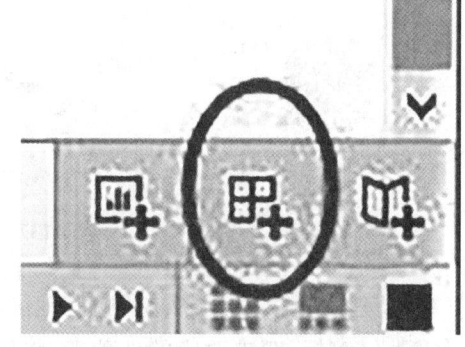

图4-130　从软件底部新建仪表板

（2）从左侧将【销售额、销量、利润预测】、【销量 top n 商品】以及【商品销售额、利润散点图】三张图拖入仪表板中，双击对应的选项卡，将仪表板名称改为"销售概况"，如图 4-131 所示。

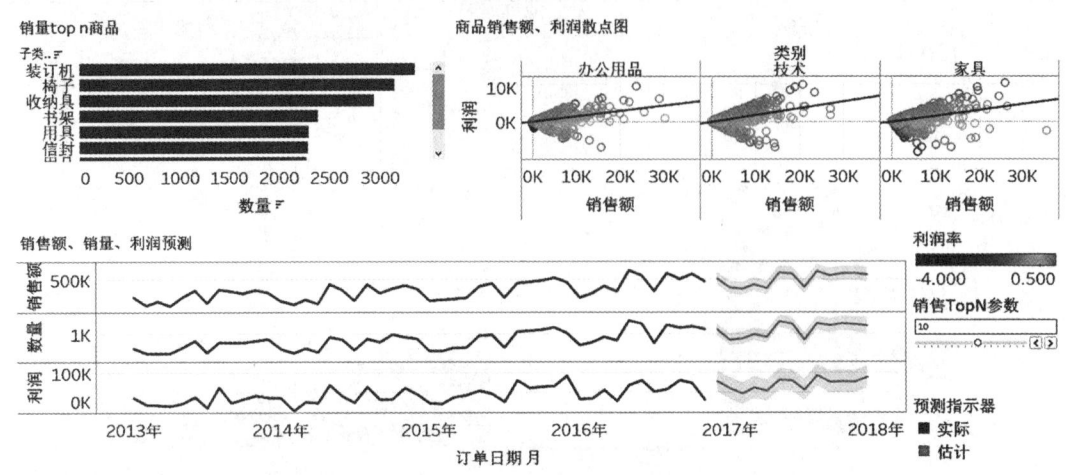

图 4-131　销售概况仪表板

（3）新建一个仪表板，从左侧将【类别销售额占比】、【类别利润比占比】、【子类别销售额占比】和【子类别利润瀑布图】拖入仪表板，双击对应的选项卡，将仪表板名称改为"商品概况"，如图 4-132 所示。

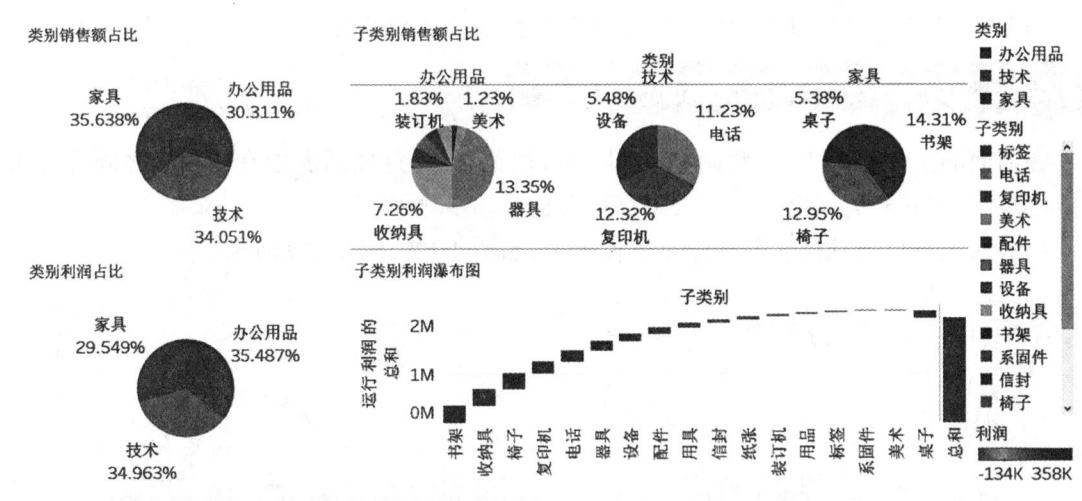

图 4-132　商品概况仪表板

（4）新建一个仪表板，从左侧将【地区情况】、【客户销售金额帕累托图】和【客户销售额排序】拖入仪表板，双击对应的选项卡，将仪表板名称改为"客户概况"，如图 4-133 所示。

学习情境四 用 Tableau 对家具电商数据可视化分析

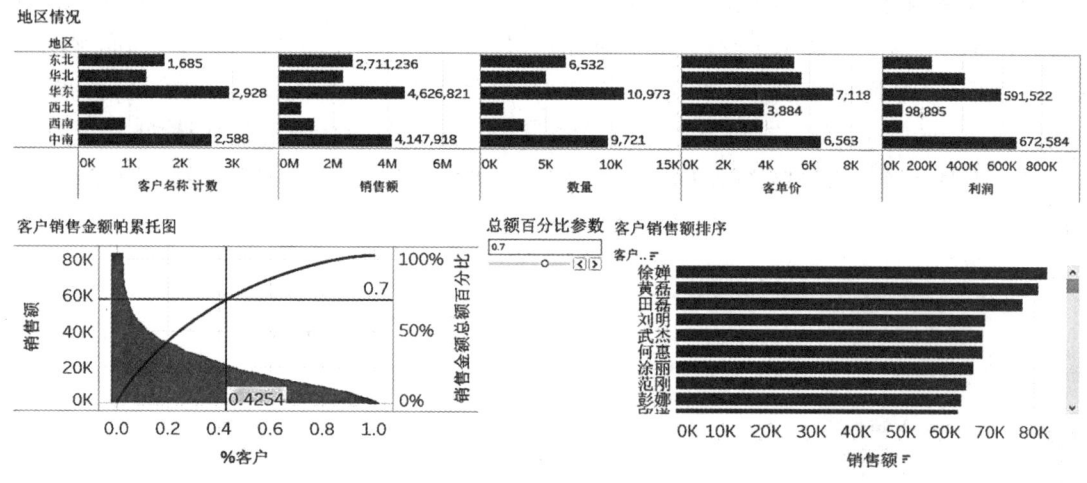

图 4-133 客户概况仪表板

现在,除了【发货天数情况】之外,已经把其余 10 张图表组成了 3 张有关联性的仪表板。

4.5.5 工作环节五:根据图形顺序完成分析报告

在 Tableau 中,故事可以看作按顺序排列的工作表集合,视图、仪表板都可作为对象加入故事中。故事中各个单独的工作表称为故事点。不同的故事点依照时间、因果、层级等顺序组合,从而将不同的视图、仪表板有机的整合起来,便于从多个维度全面、系统的展示分析思路及结论。

本节用制作的仪表板和工作表视图组成一个故事,对家具电商 2013 年至 2016 年的销售情况做简单的分析。步骤如下。

(1)从工具栏或软件底部新建一个故事,如图 4-134、图 4-135 所示。

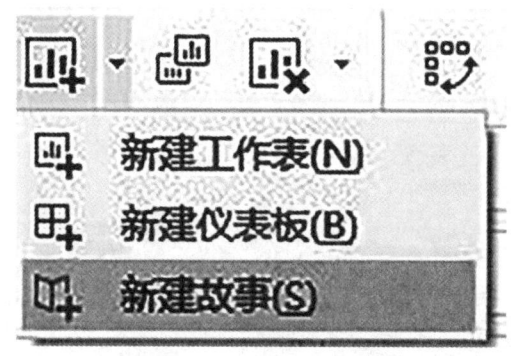

图 4-134 从工具栏新建故事

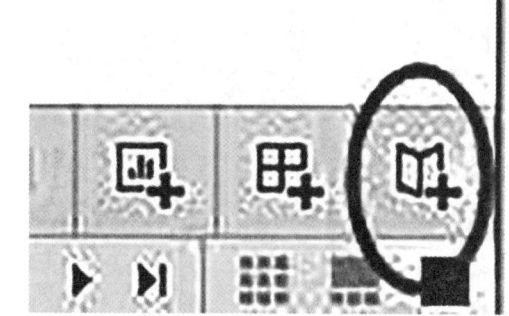

图 4-135 从软件底部新建故事

(2)双击下方的故事选项卡,将其命名为"家具电商 2013—2016 年销售情况"。如图 4-136 所示勾上左下角的【显示标题】,将故事名作为标题显示出来。

169

（3）从左侧拖入【销售概况】，将标题修改为"销售概况"，作为故事板的第一页，如图 4-137 所示。这一页展示了热门商品、商品销售额与利润以及销售额、销量、利润预测，如图 4-138 所示。从图中可以看出 2013 年至 2016 年期间销售商品的销售额、销量、利润有相似的波动，而做出的预测也有周期性波动。销量最高的 5 种商品分别是装订机、椅子、收纳具、书架、用具。总体来说随着销售额的增加，产品利润都有所上升，但也存在一些低价亏损的情况。

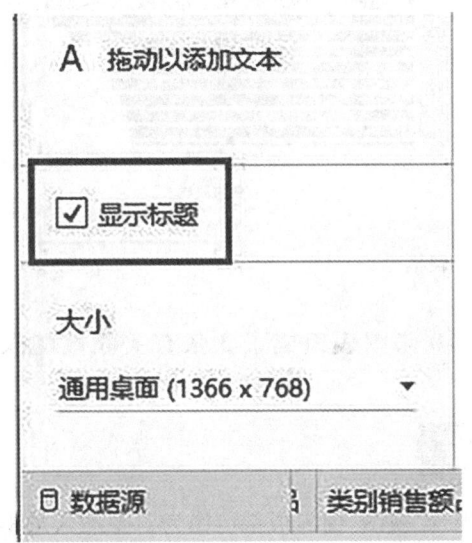

图 4-136　勾选显示标题

图 4-137　修改标题

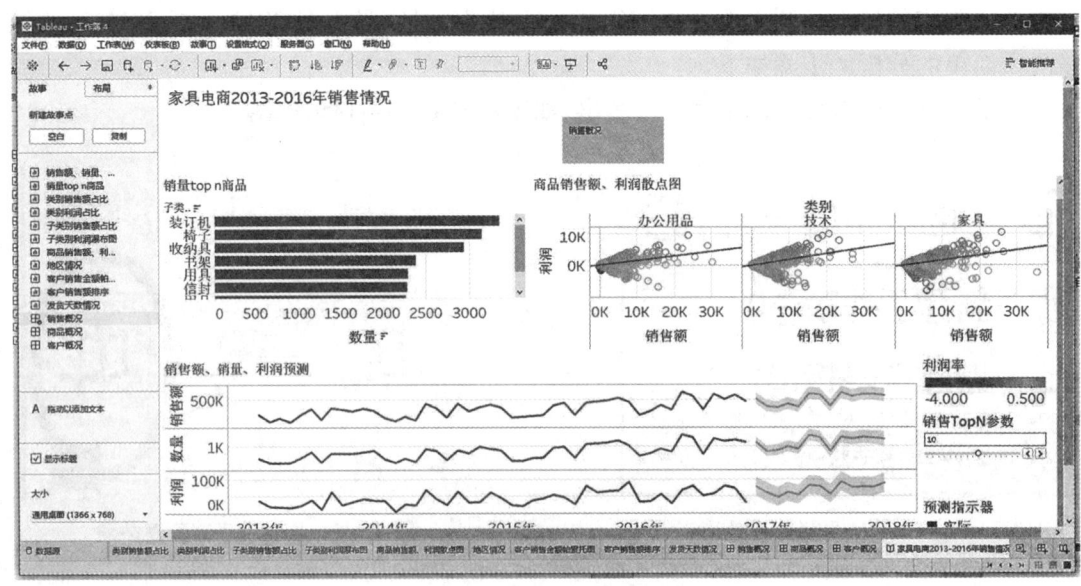

图 4-138　销售概况故事板

（4）新增一页空白故事点，如图 4-139 所示。从左侧拖入【商品概况】，将标题修改为"商品概况"，作为故事板的第二页。这一页展示了按商品类别分类的销售额和利润情况，如图 4-140 所示。从图 4-140 可以看出，家具、办公用品、技术这三大类商品销售额差别不大，但销售额占比最高的家具类利润占比是最低的，而办公用品销售额占比最小，利润占比最大，说明家具类的利润空间不如办公用品。办公用品类销售额最高的两个子类是器具和收纳具，技术类销售额最高的两个子类是复印机和电话，家具类销售额最高的两个子类是书架和椅子。从子类的利润看，最高的是书架，最低的是桌子，家具类利润较低可能和桌子的亏损有关。

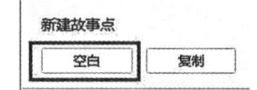

图 4-139　新增空白故事点

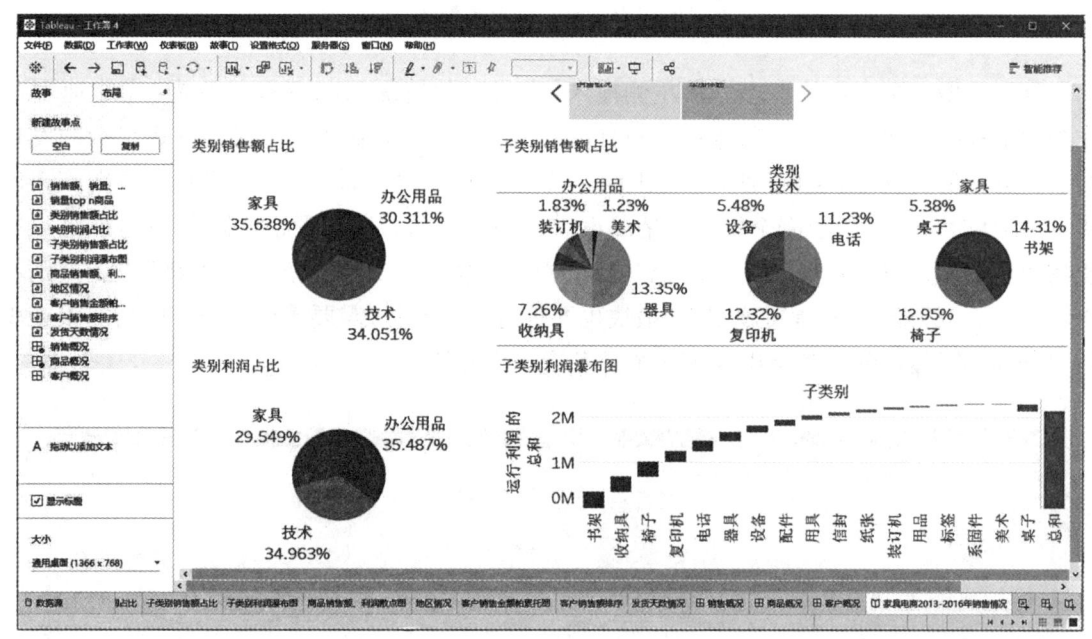

图 4-140　商品概况故事板

（5）新增一页空白故事点。从左侧拖入【客户概况】，将标题修改为"客户概况"，作为故事板的第三页。这一页展示了地区的情况和交易金额较大的客户，如图 4-141 所示。从图 4-141 可以看出，西南、西北地区各方面都处于较低的水平，而华北和中南地区是这家电商的重点地区。销售额前 20% 的客户大约占总销售额的 40%，中间区间的客户也是需要重视的对象。

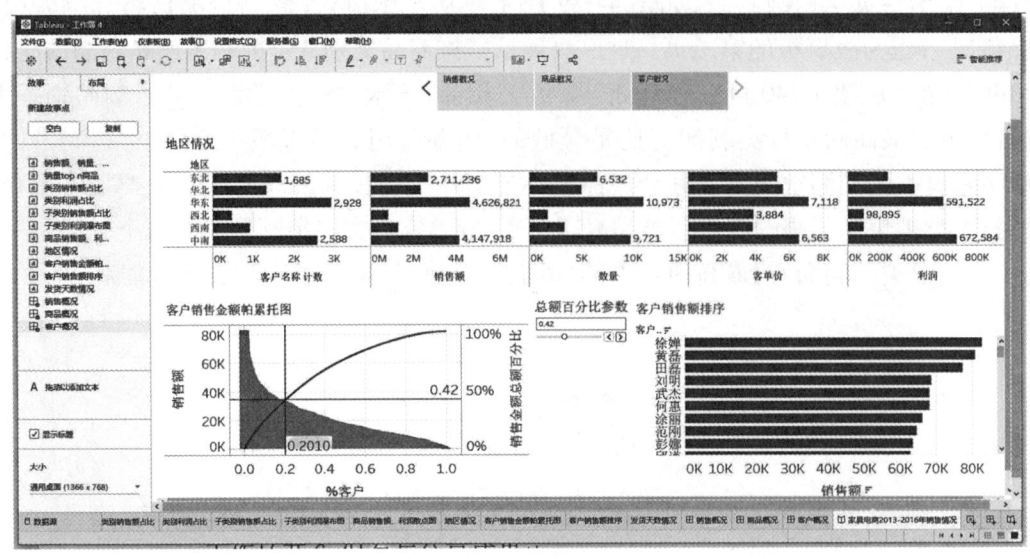

图 4-141 客户概况故事板

（6）新增一页空白故事点。从左侧拖入【发货天数情况】，将标题修改为"发货速度"，作为故事板的第四页。这一页展示了当日、一级、二级、标准级这四种邮寄方式花费的发货时间的分布情况，如图 4-142 所示。从图 4-142 可以看出，"当日"邮寄方式基本都在当天发货了（即耗时 0 天），但也有个别异常情况没有在当日发货，从圆点面积来看，有可能是以为货物数量较多造成了延误。"一级"比"二级"总体发货更快，但相比于"标准级"二者差别不算特别大。"标准级"发货速度很慢，最快也要等待 4 天发货，需要等待一个月的情况不在少数，当商品数量较多时，甚至出现了 3 个月发货等待时长。

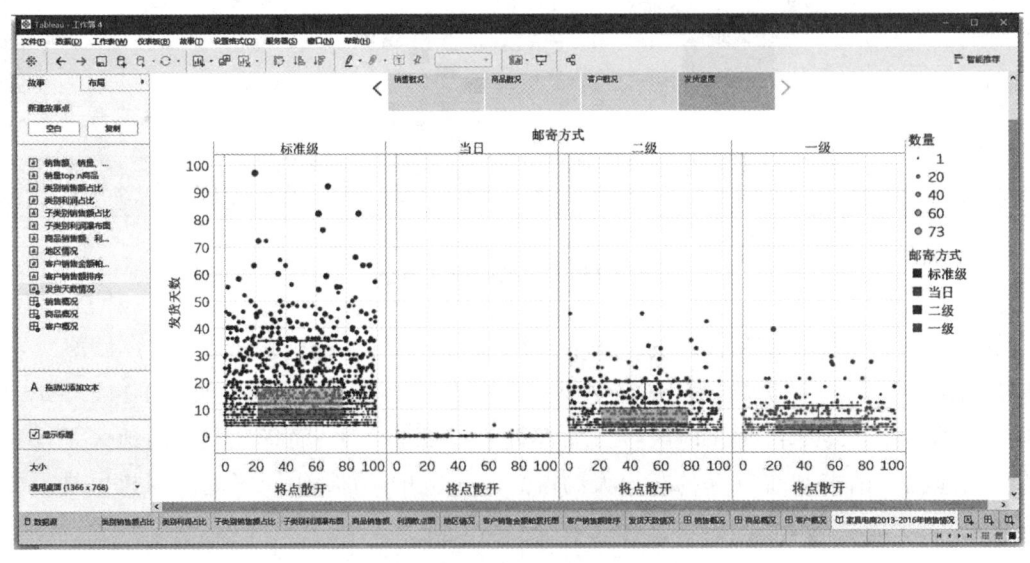

图 4-142 发货速度故事板

学习情境四　用 Tableau 对家具电商数据可视化分析

　　为了进一步分析，可回到【发货天数情况】工作表，添加一个类别筛选器并显示筛选器控件。回到故事板中复制两个"发货速度"故事点，将这三个故事点的筛选器分别选为家具、技术、办公用品，效果分别如图 4-143、图 4-144、图 4-145 所示。经过对比发现，当日、一级与二级邮寄方式在三种类别商品时分布都比较稳定，标准级在家具和技术类别的商品发货时时间也比较稳定，在发货办公用品时增加了很多异常时间点，这些异常时间点的货物数量也比较大，可能是由于商家缺货造成了发货延迟。

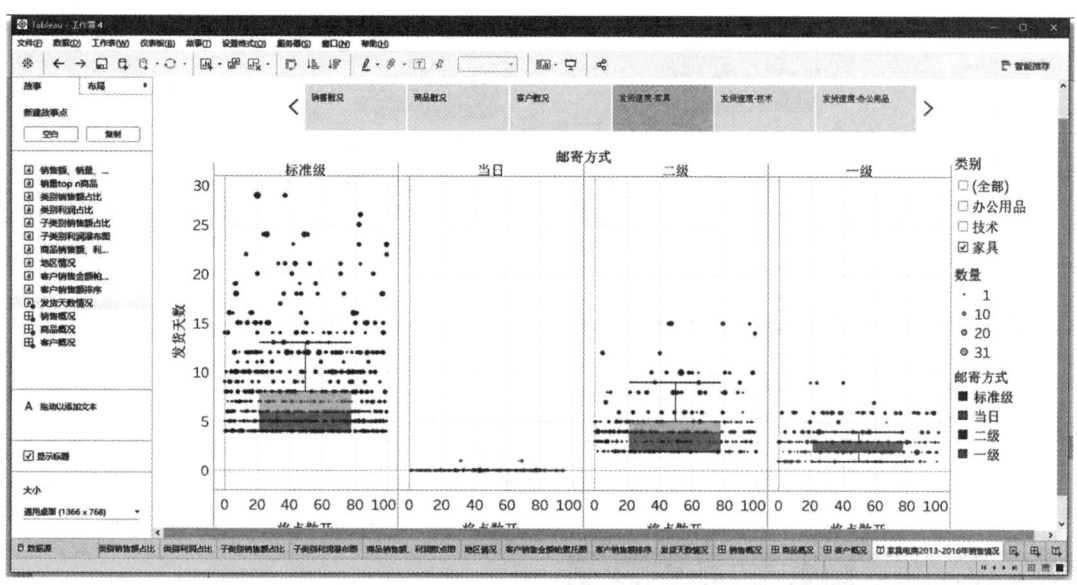

图 4-143　家具发货速度故事板

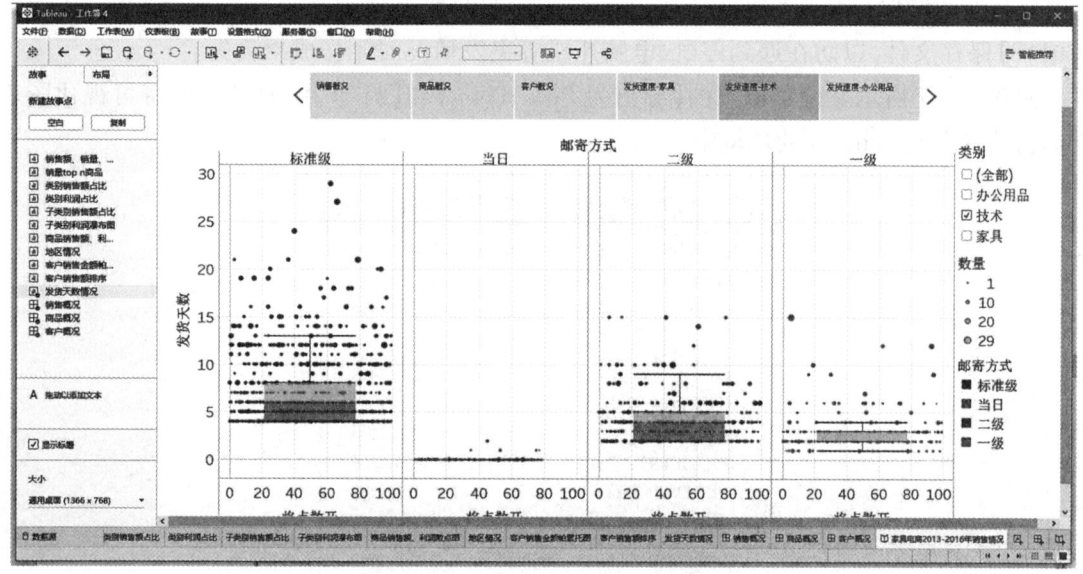

图 4-144　技术发货速度故事板

173

数据分析与可视化

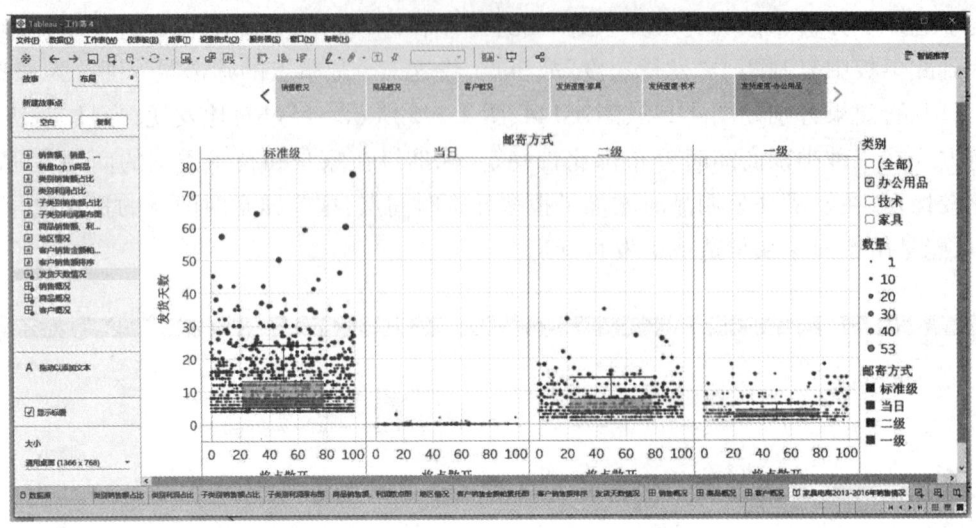

图 4-145　办公用品发货速度故事板

（7）用工具栏中的演示模式像播放幻灯片一样播放故事，如图 4-146 所示。

图 4-146　播放故事

4.5.6　工作环节六：保存与分享成果

通过快捷键【Ctrl+S】或文件菜单下的【保存】和【另存为】可以保存工作成果。Tableau 的项目文件通常保存为 twb 格式。建议在一开始的时候就保存文件，做一部分就按快捷键【Ctrl+S】保存文件，以防在遇到停电、电脑死机等突发情况时工作成果丢失。

如图 4-147 所示文件菜单下的【导出为 PowerPoint】和【打印为 PDF】可以将可视化图表分享到没有安装 Tableau 的环境中。

图 4-147　将项目导出为 PowerPoint

4.6 检查

完成相应的检查工作,填写如表 4-6 所示的检查单,提交最终的工作成果,准备进行评价。

表 4-6　　　　　　　　　　　　　　检查单

学习场	
学习情境	
学习任务	学时
典型工作过程描述	

序号	检查项目	检查标准	学生自查	教师检查

检查评价	班级		第___组	组长签字	
	教师签字		日期		
	评语:				

4.7 评价

根据评价单对每组的任务完成过程进行评价,填写如表 4-7 所示的评价单。

表 4-7　　　　　　　　　　　　评价单

学习场					
学习情境					
学习任务				学时	
典型工作过程描述					
评价项目	评价子项目	学生自评	组内评价	教师评价	
	1.资讯____分;2.计划____分; 3.决策____分;4.实施____分; 5.检查____分;6.评价____分。				
	1.资讯____分;2.计划____分; 3.决策____分;4.实施____分; 5.检查____分;6.评价____分。				
	1.资讯____分;2.计划____分; 3.决策____分;4.实施____分; 5.检查____分;6.评价____分。				
	1.资讯____分;2.计划____分; 3.决策____分;4.实施____分; 5.检查____分;6.评价____分。				
	1.资讯____分;2.计划____分; 3.决策____分;4.实施____分; 5.检查____分;6.评价____分。				
评价的评价	班级		第____组	组长签字	
	教师签字		日期		
	评语:				

4.8 课后习题

1. 想知道在同类群体中,哪些表现好,哪些表现差,哪些分散,哪些集中,选择绘制( )更合适。
   A. 帕累托图 B. 盒须图
   C. 瀑布图 D. 折线图

2. 可以通过点击＿＿＿＿＿＿菜单栏中的【趋势线】→【显示趋势线】添加趋势线。

3. 可以通过将"数据"选项卡旁的＿＿＿＿＿＿选项卡中的"预测"拖入视图区创建时间序列预测模型。

4. 帕累托图练习(数据:习题4-4物资采购金额数据.xlsx)

   根据提供的数据,为某企业的物资采购金额数据创建一个帕累托图。其中,横轴为供应商数量占总供应商数量的累计比例,柱形图显示由大到小的各供应商的应付金额情况,线图显示金额累计百分比沿着横轴的变化情况,参数控件帮助快速定位参考线的位置。参考结果如图4-148所示。

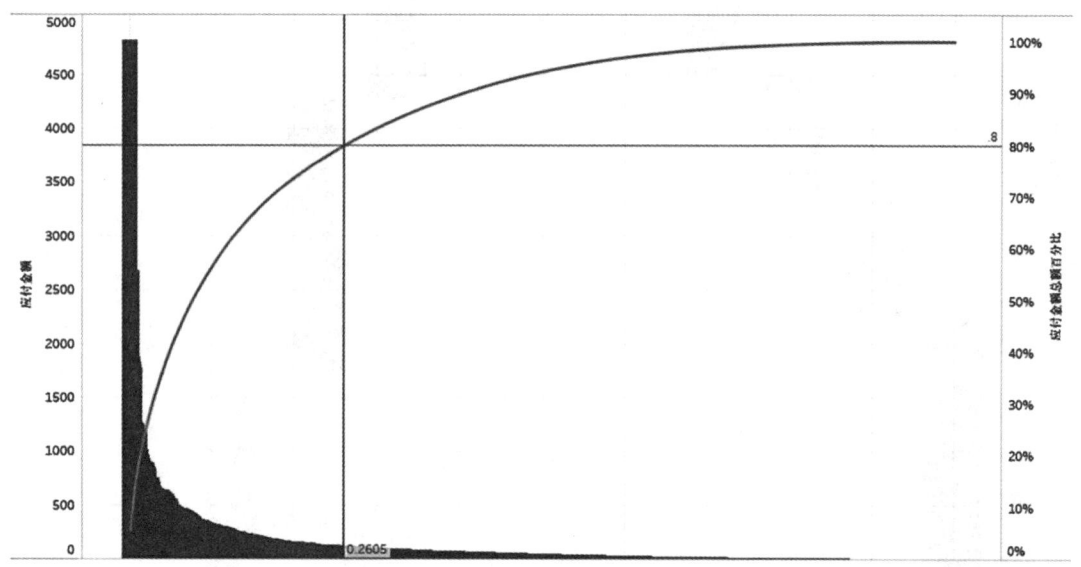

图4-148 为某企业的物资采购金额帕累托图

5. 瀑布图练习(数据:习题4-5影响折旧费数据.xlsx)

   根据提供的数据,如表4-8所示,用瀑布图展示各单位对折旧费的影响。参考结果如图4-149所示。

表4-8 影响折旧费数据

单位名称	单位类别	影响折旧费/万元
漳州	负影响折旧单位	−686.4
厦门	正影响折旧单位	650.5
宁德	正影响折旧单位	300

(续表)

单位名称	单位类别	影响折旧费/万元
莆田	正影响折旧单位	200
龙岩	正影响折旧单位	100
泉州	正影响折旧单位	190
南平	正影响折旧单位	309
三明	负影响折旧单位	−333
福州	负影响折旧单位	−222

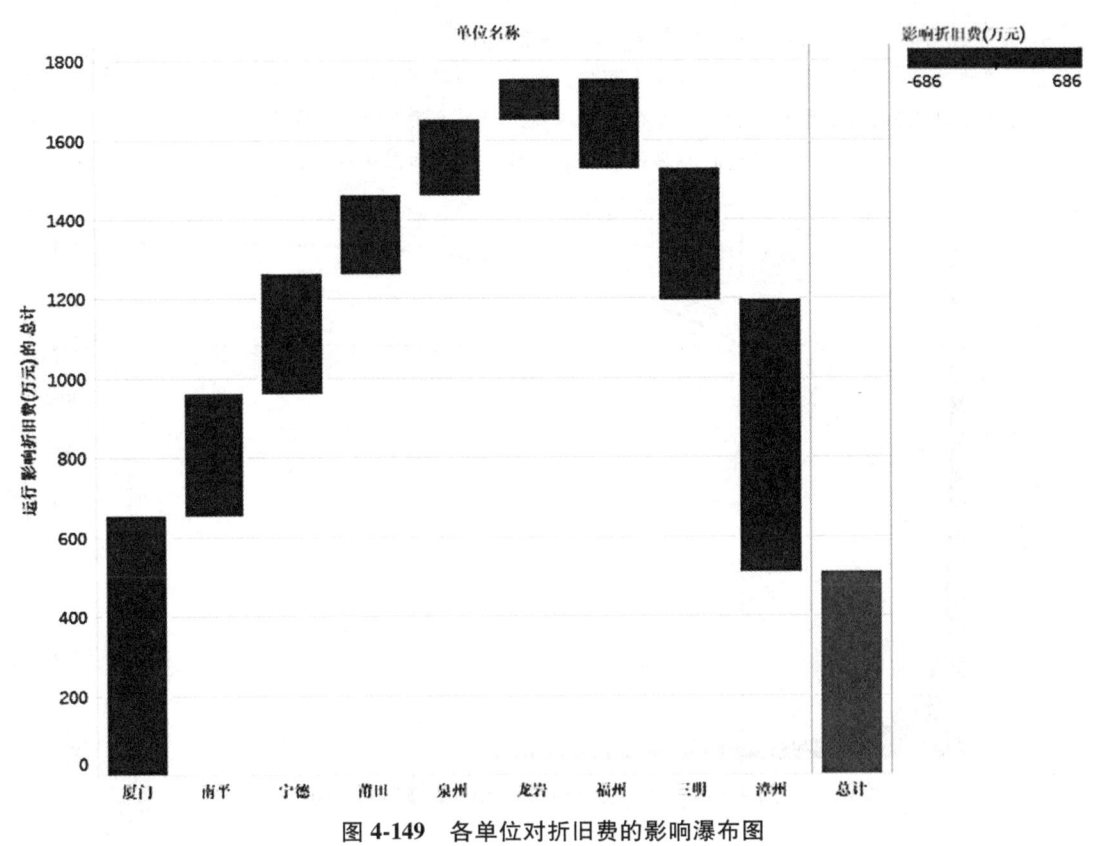

图 4-149　各单位对折旧费的影响瀑布图

学习情境五　用 ECharts 在网页中分析 GDP 并制作可视化图形

国内生产总值（GDP）是指按国家市场价格计算的一个国家（或地区）所有常驻单位在一定时期内生产活动的最终成果，常被公认为是衡量国家经济状况的最佳指标。国内生产总值 GDP 是核算体系中一个重要的综合性统计指标，也是我国新国民经济核算体系中的核心指标，它反映了一国（或地区）的经济实力和市场规模。

5.1 任务

本案例有 2016 年中国大陆地区各省、直辖市、自治区的 GDP 数据表格，如表 5-1 所示。本节任务是把这些数据以条形图的形式展现在网页上。

表 5-1　　　　　　　中国大陆地区各省、直辖市、自治区 GDP 数据

地区	GDP/亿元
北京市	25 669.13
天津市	17 885.39
河北省	32 070.45
山西省	13 050.41
内蒙古自治区	18 128.1
辽宁省	22 246.9
吉林省	14 776.8

(续表)

地区	GDP/亿元
黑龙江省	15 386.09
上海市	28 178.65
江苏省	77 388.28
浙江省	47 251.36
安徽省	24 407.62
福建省	28 810.58
江西省	18 499
山东省	68 024.49
河南省	40 471.79
湖北省	32 665.38
湖南省	31 551.37
广东省	80 854.91
广西壮族自治区	18 317.64
海南省	40 53.2
重庆市	17 740.59
四川省	32 934.54
贵州省	11 776.73
云南省	14 788.42
西藏自治区	1 151.41
陕西省	19 399.59
甘肃省	7 200.37
青海省	2 572.49
宁夏回族自治区	3 168.59
新疆维吾尔自治区	9 649.7

请以小组的形式进行讨论，要求每个小组理解任务，填写如表5-2所示的任务单，思考在这个数据可视化任务中要展现哪些内容，这些内容能表达什么样的主题。

表 5-2　　　　　　　　　　　　　任务单

学习场	
学习情境	
学习任务	学时
典型工作过程描述	
学习目标	
任务描述	
学时安排	资讯__学时	计划__学时	决策__学时	实施__学时	检查__学时	评价__学时
对学生的要求	
参考资料	

5.2 资讯

为完成以上任务,请每个小组收集相关资讯,填写如表 5-3 所示的资讯单,建议通过网页图表插件 ECharts 来完成本次任务。

表 5-3　　　　　　　　　　　　　　　资讯单

学习场	
学习情境	
学习任务	学时
典型工作过程描述	
搜集资讯的方式	
资讯描述	
对学生的要求	
参考资料	

5.3 计划

请每组同学根据收集的资讯,针对本次工作任务制订相应的工作计划,填写如表 5-4 所示的计划单。

表 5-4　　　　　　　　　　　　　计划单

学习场			
学习情境			
学习任务		学时	
典型工作过程描述			
计划制订的方式			
序号	工作步骤	注意事项	
计划评价	班级	第___组	
	教师签字	日期	
	评语:		

5.4 决策

请每组同学针对本组制订的计划进行评估,最终决定一个流程并填写如表 5-5 所示的决策单。

表 5-5　　　　　　　　　　　　　决策单

学习场					
学习情境					
学习任务				学时	
典型工作过程描述					
计划对比					
序号	计划的可行性	计划的经济性	计划的可操作性	计划的实施难度	综合评价
决策评价	班级		第___组	组长签字	
	教师签字		日期		
	评语:				

5.5 实施

以下是提供给大家参考的工作环节的流程,每组同学可以根据自己小组的情况进行参考,填写如表 5-6 所示的实施单,最终完成本组的工作任务。

表 5-6　　　　　　　　　　　　　　实施单

学习场				
学习情境				
学习任务			学时	
典型工作过程描述				
序号	实施步骤		注意事项	
实施说明:				
实施评价	班级		第___组	组长签字
	教师签字		日期	
	评语:			

5.5.1 工作环节一：选择与连接数据源

本次工作任务用到的数据源是一个 Excel 文件，ECharts 不支持直接读取 Excel 表格中的数据，因此需要对数据进行格式转换。

ECharts 支持使用二维表形式描述的数据或使用键值对形式描述的数据，可以借助网络在线工具将 Excel 表格转换为二维表或键值对对象。

搜索"Excel 转 json 在线工具"即可找到在线转换工具，如"在线 JSON 校验格式化工具"（http://www.bejson.com/json/col2json）等。根据需要在 Excel 中对数据进行排序，如进行降序排序。复制 Excel 表格中的数据粘贴到网站指定文本框中，如图 5-1 所示。

图 5-1　在线 JSON 校验格式化工具

上述网站支持将 Excel 表格数据转换为两种形式的数据，如图 5-2 所示：按行转成对象，即转为键值对的形式；按行转成数据，即转为二维表的形式。两种格式均可在 ECharts 中使用。

选择一种格式，点击【转换】按钮，就能得到转换好的数据文本，如图 5-3 所示，需要使用时直接复制即可。

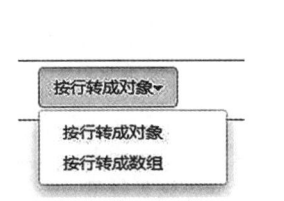

图 5-2　选择转换形式

图 5-3　转换结果

5.5.2 工作环节二：分析数据源制订可视计划

在数据源中记录了中国大陆 31 个省、直辖市、自治区 2016 年的 GDP 数据，像这种只有一个维度，需要比较的枚举型小规模二维数据集，很适合用条形图来表示。

5.5.3 工作环节三：制作可视化图形

1. 下载安装 ECharts

（1）访问如图 5-4 所示 ECharts 官方网站。通过官网首页的导航栏中的"下载"菜单或首页"下载"按钮进入下载页。下载页提供了 ECharts 的几种获取方式，在这里选择使用操作最简单的一种方式，即使用在线定制下载。

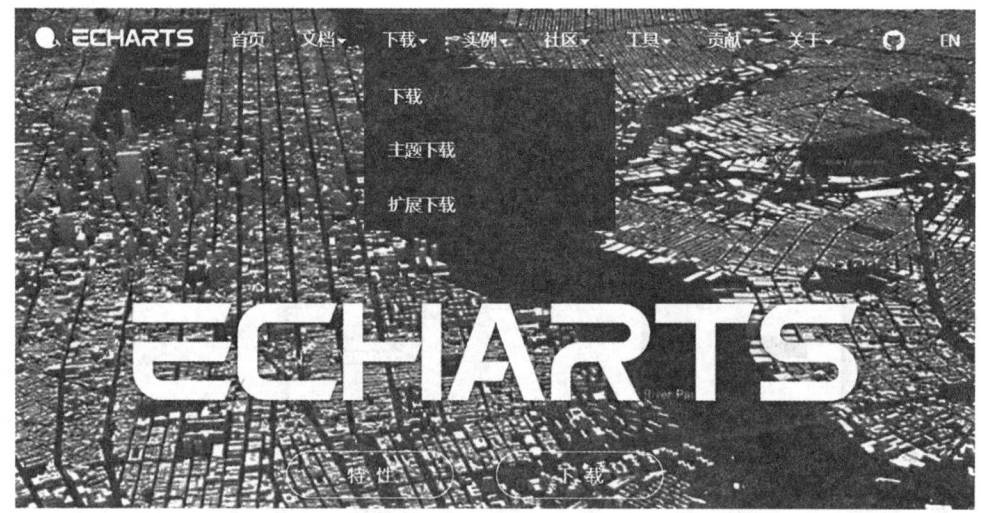

图 5-4 ECharts 官网

（2）在线定制下载可以自由选择需要的图表、坐标系、组件进行打包下载，并且可以对渲染引擎、兼容及压缩问题进行设置。下载方法如下。

① 在 ECharts 官网下载页点击【在线定制】按钮，如图 5-5 所示。

② 在新打开的页面中勾选需要用到的图表、坐标系、组件，并对渲染引擎、兼容及压缩问题进行勾选，如图 5-6、图 5-7、图 5-8、图 5-9 所示。

图 5-5 【在线定制】按钮

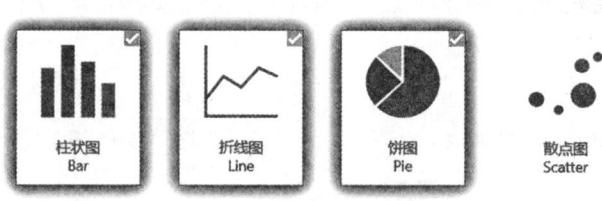

图 5-6 图表

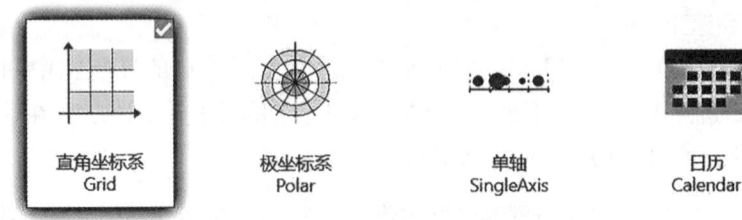

坐标系 coordinate systems

选择要打包的坐标系，有些图表像散点图，折线图可以被应用到多个坐标系上

图 5-7　坐标系

组件 component

选择要打包的组件

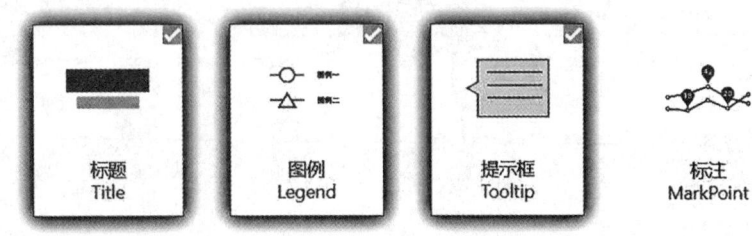

图 5-8　组件

其他选项 others

- [ ] **SVG 渲染**

是否包括 SVG 渲染器，从而能支持使用 SVG 来绘制图表

- [ ] **兼容 IE8**

是否包括对 IE8 的兼容代码

- [x] **工具集**

是否在 echarts 对象上挂载常用工具集。一般都会挂载，除非对生成的文件的体积有苛求，并且不需要用这些工具集。

- [x] **代码压缩**

是否使用 UglifyJS 压缩后的代码，开发环境建议不压缩代码，代码压缩会去掉大部分常见的警告和错误提示。

图 5-9　其他选项

③ 点击页面底部的【下载】按钮,如图 5-10 所示。

图 5-10 【下载】按钮

④ 在新打开的编译页面中等待片刻,编译完成后会自动弹出保存对话框,如图 5-11 所示。将文件保存到想要的位置即可。

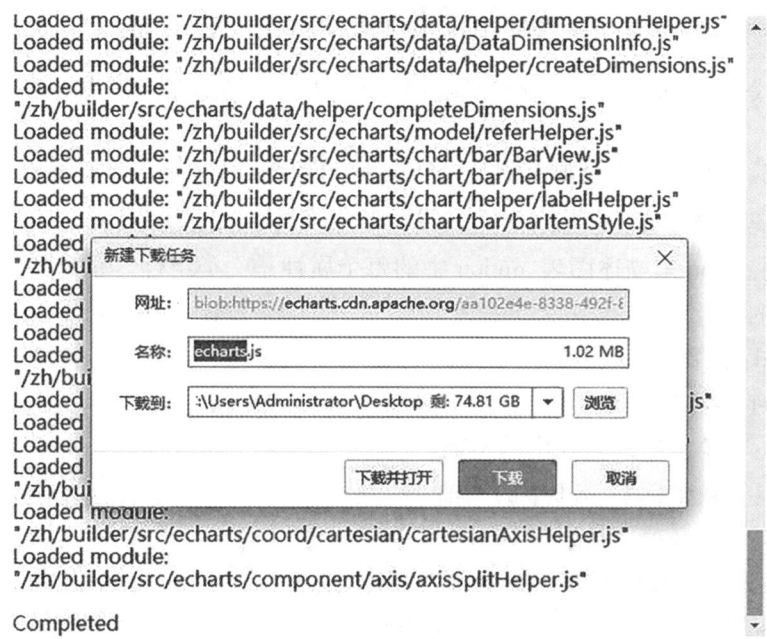

图 5-11 编译完成后弹出保存对话框

(3) 在需要使用 ECharts 的网页中通过 script 标签引入之前下载的 ECharts 图表库 js 文件。例如:

```
<!DOCTYPE html>
<htmllang="zh-cn">
<head>
    <meta charset="UTF-8">
    <meta name="viewport" content="width=device-width, initial-scale=1.0">
    <title>引入 ECharts</title>
    <script src="echarts.min.js"></script>
```

```
</head>
<body>
</body>
</html>
```

（4）这样 ECharts 就安装好了，其他网页中要使用 ECharts 时同样需要在使用前引入 ECharts 的图表库 js 文件。

2. 创建 ECharts 实例

（1）一个 ECharts 实例需要独占一个 DOM 节点，因此需要准备一个 DOM 节点来放置将要绘制的条形图。例如：

```
<div id="main" style="width:600px;height:400px;"></div>
```

（2）在 js 代码中使用 echarts.init 创建 ECharts 实例。例如：

```
var myChart = echarts.init(document.getElementById('main'));
```

3. 设置图表基本参数

ECharts 用 option 来描述图表，option 中的每个属性是一类组件。常见的组件如下。

（1）title：标题组件。

（2）legend：图例组件。

（3）dataset：数据集。

（4）xAxis：直角坐标系 grid 中的 x 轴。

（5）yAxis：直角坐标系 grid 中的 y 轴。

（6）series：一组数值及映射成的图。

（7）color：调色盘颜色列表。

（8）tooltip：提示框组件。

（9）grid：直角坐标系内绘制网格。

设置参数的步骤如下。

（1）通过 option 中的 title 组件设置图表标题，如图 5-11 所示。

（2）通过 legend 组件设置图例。legend，data 是设置图例的数据数组；name 设置图例的名字，需要和 series 中的 name 对应才能产生效果；icon 设置图例的形状；textStyle 设置文本样式，如图 5-13 所示。

（3）ECharts 提供了 dataset 组件来单独声明数据集，通过 dataset 来设置数据。复制工作环节一中转换的二维表，粘贴至 dataset 组件的 source 属性中，如图 5-14 所示。

（4）设置坐标轴，如图 5-15 所示。因为要画的是条形图，所以地区数据应该显示在 y 轴上，GDP 值则对应 x 轴的坐标。x 轴可以自动获取不进行设置，y 轴设置 type 类型为 category。

```
var option={
    title:{
        text:"全国各省GDP排行"
    },
```

图 5-12 设置图表标题

```
},
legend:{
    data: [{
        name: 'GDP（亿万）',
        // 设置图形为矩形。
        icon: 'rect',
        // 设置文本为灰色
        textStyle: {
            color: 'gray'
        }
    }]
},
```

图 5-13 设置图例

```
dataset:{
    source:[
        ["地区","GDP(亿元)"],
        ["广东省","80854.91"],
        ["江苏省","77388.28"],
        ["山东省","68024.49"],
        ["浙江省","47251.36"],
        ["河南省","40471.79"],
        ["四川省","32934.54"],
        ["湖北省","32665.38"],
```

图 5-14 设置 dataset 的 source 属性

```
xAxis:{

},
yAxis:{
    type:'category',
},
```

图 5-15 设置坐标轴

（5）设置 series 系列，如图 5-16 所示。设置与 legend 一致的 name 可以显示出图例。type 设置图表类型，bar 代表柱状图。encode 指定如何从 dataset 的一行/列映射到坐标轴中；x 属性设置 x 轴的数据，需要将 GDP 的值给 x 轴，这个数据是二维表的第二列，因此设为 1（从 0 开始计数，第 2 列的序号是 1）；y 属性设置 y 轴的值把地区名字放在 y 轴，这部分数据是二维表的第一列，因此设为 0。

（6）设置 tooltip 提示框，如图 5-17 所示。将 show 属性设为 true 即可开启提示框。

```
series:[{
    name:'GDP（亿万）',
    type:'bar',
    encode:{x:1,y:0}
},
]
```

图 5-16 设置 series

```
tooltip:{
    show:true
},
```

图 5-17 设置提示框

（7）用 setOption(option)方法将 option 中的配置应用到 ECharts 实例中，如图 5-18 所示。

图 5-18　将 option 配置应用到 ECharts 实例中

此时可以看到一个基本的条形图。浏览网页效果如图 5-19 所示。

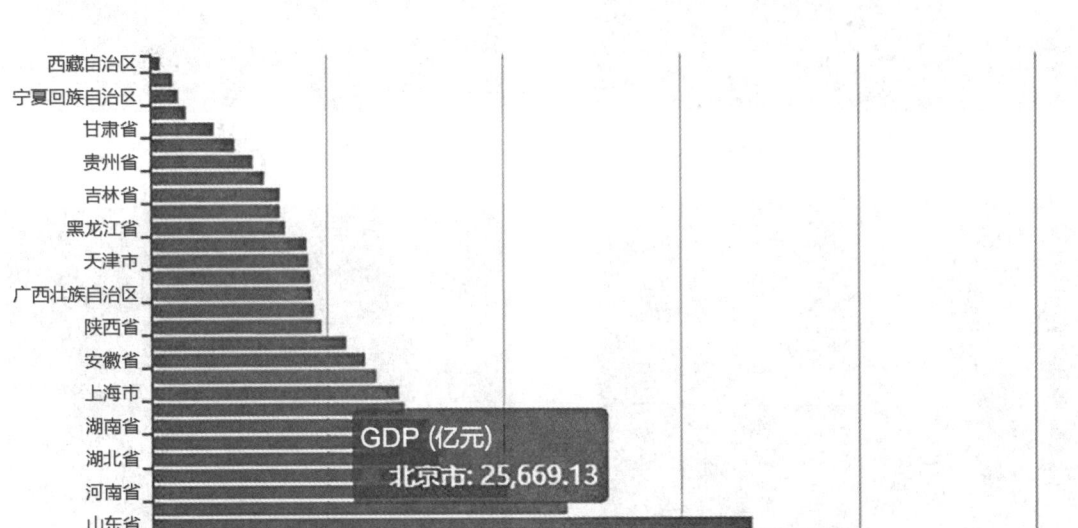

图 5-19　部分省、市、自治区 GDP 排行条形图

（8）调整坐标轴。希望大的数据在上小的数据在下，当前的 y 轴顺序刚好相反。可以给 y 轴打开 inverse 反向通常的图表属性，如图 5-20 所示。

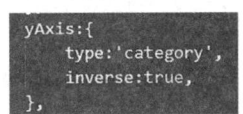

图 5-20　设置 y 轴反向

设置后的效果如图 5-21 所示。

4. 调整图表显示样式

（1）调整图表宽高。观察发现由于高度不够，部分地区名称没有完整显示。此时可以将 DOM 容器的高度设置高一些，例如 。

（2）调整图表边距。观察发现左侧边距不够导致一些地名没有显示完整，可以通过设

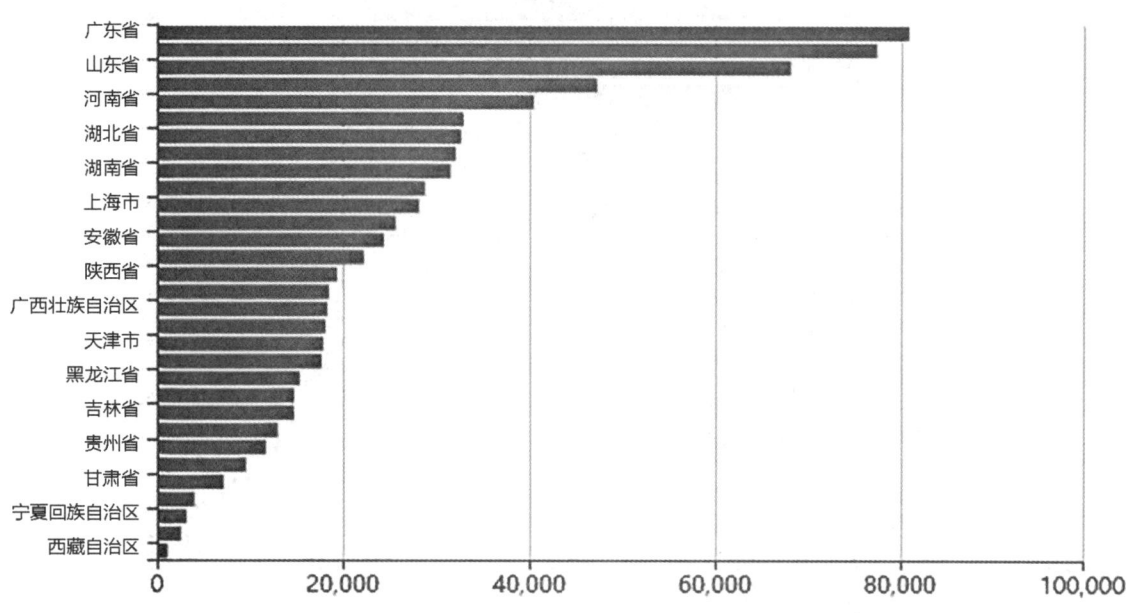

图 5-21　降序排列的部分省、市、自治区 GDP 排行条形图

置 grid 组件进行调整。设置 grid 的 left 属性即可指定左边距，如图 5-22 所示。

（3）图表的颜色是可以指定的，直接在 option 中设置 color 组件即可。例如设置 color：'green'，如图 5-23 所示，图表主色将变为绿色。

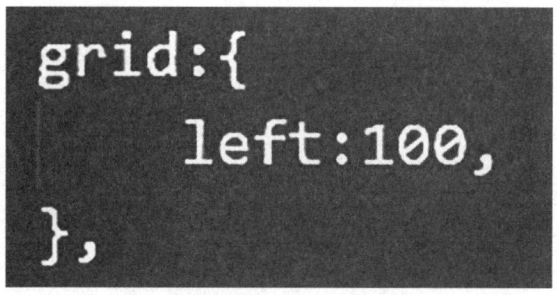

图 5-22　设置 grid 的 left 属性

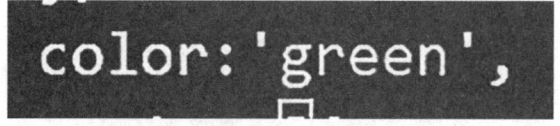

图 5-23　设置图表颜色为绿色

经过修改的条形图显示效果如图 5-24 所示。

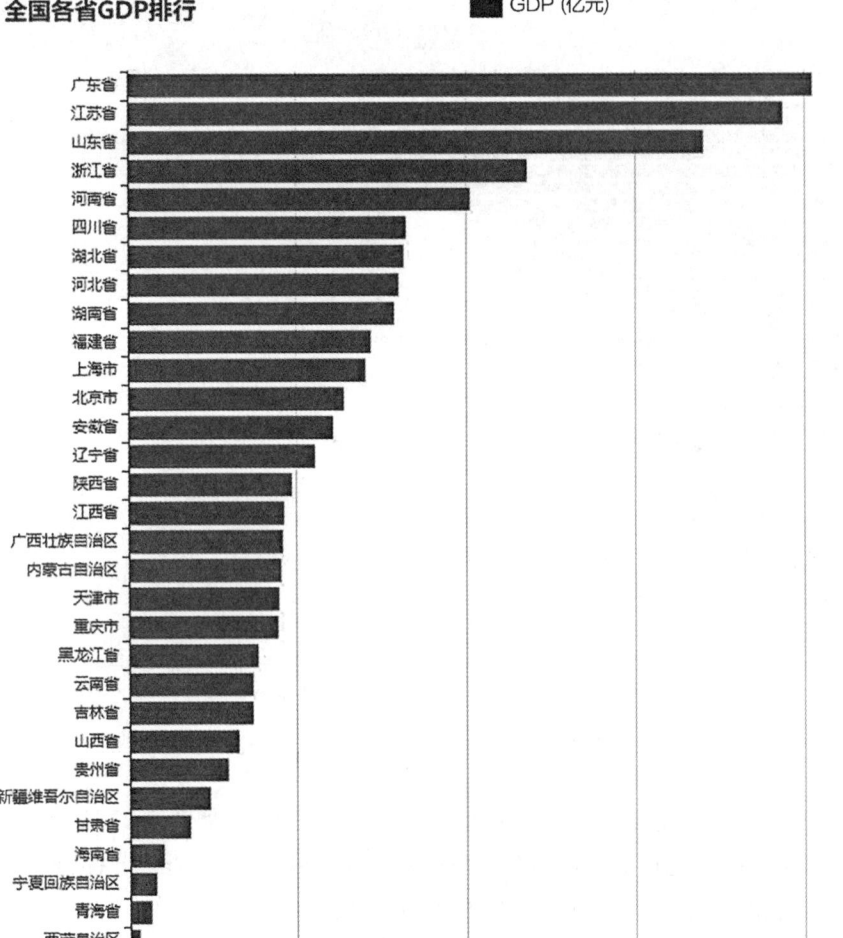

图 5-24　修改颜色后的部分省、市、自治区 GDP 排行条形图

完整的网页代码如下。

```
<!DOCTYPE html>
<html lang="zh-cn">
<head>
    <meta charset="UTF-8">
    <meta name="viewport" content="width=device-width, initial-scale=1.0">
    <title>引入 ECharts</title>
    <script src="echarts.min.js"></script>
</head>
<body>
    <div id="main" style="width:100%;height:800px"></div>
    <script type="text/javascript">
```

```javascript
var myChart = echarts.init(document.getElementById('main'));
var option = {
    title:{
        text:"部分省区市 GDP 排行"
    },
    tooltip:{
        show:true
    },
    dataset:{
        source:[
            ["地区","GDP(亿元)"],
            ["广东省","80854.91"],
            ["江苏省","77388.28"],
            ["山东省","68024.49"],
            ["浙江省","47251.36"],
            ["河南省","40471.79"],
            ["四川省","32934.54"],
            ["湖北省","32665.38"],
            ["河北省","32070.45"],
            ["湖南省","31551.37"],
            ["福建省","28810.58"],
            ["上海市","28178.65"],
            ["北京市","25669.13"],
            ["安徽省","24407.62"],
            ["辽宁省","22246.9"],
            ["陕西省","19399.59"],
            ["江西省","18499"],
            ["广西壮族自治区","18317.64"],
            ["内蒙古自治区","18128.1"],
            ["天津市","17885.39"],
            ["重庆市","17740.59"],
            ["黑龙江省","15386.09"],
            ["云南省","14788.42"],
            ["吉林省","14776.8"],
            ["山西省","13050.41"],
            ["贵州省","11776.73"],
            ["新疆维吾尔自治区","9649.7"],
            ["甘肃省","7200.37"],
            ["海南省","4053.2"],
            ["宁夏回族自治区","3168.59"],
```

```
                ["青海省","2572.49"],
                ["西藏自治区","1151.41"]
            ]
        },
        legend:{
            data:[{
                name:'GDP(亿元)',
                // 设置图形为矩形。
                icon:'rect',
                // 设置文本为灰色
                textStyle:{
                    color:'gray'
                }
            }]
        },
        grid:{
            left:110,
        },
        xAxis:{
        },
        yAxis:{
            type:'category',
            inverse:true,
        },
        color:'green',
        series:[{
            name:'GDP(亿元)',
            type:'bar',
            encode:{x:1,y:0}
        },
        ]
    };
    myChart.setOption(option);
</script>
</body>
</html>
```

5.5.4 工作环节四：整合多个图形

ECharts 支持通过设置多个 series 值达到堆叠多种图表的效果。例如,在刚才的图表基础上再绘制一根折线图，如图 5-25 所示。

```
series:[{
        name:'GDP（亿万）',
        type:'bar',
        encode:{x:1,y:0}
    },
    {
        type:'line',
        encode:{x:1,y:0},
        color:'black'
    },
]
```

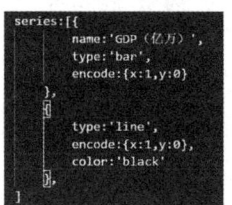

图 5-25　增加一根折线图

效果如图 5-26 所示。

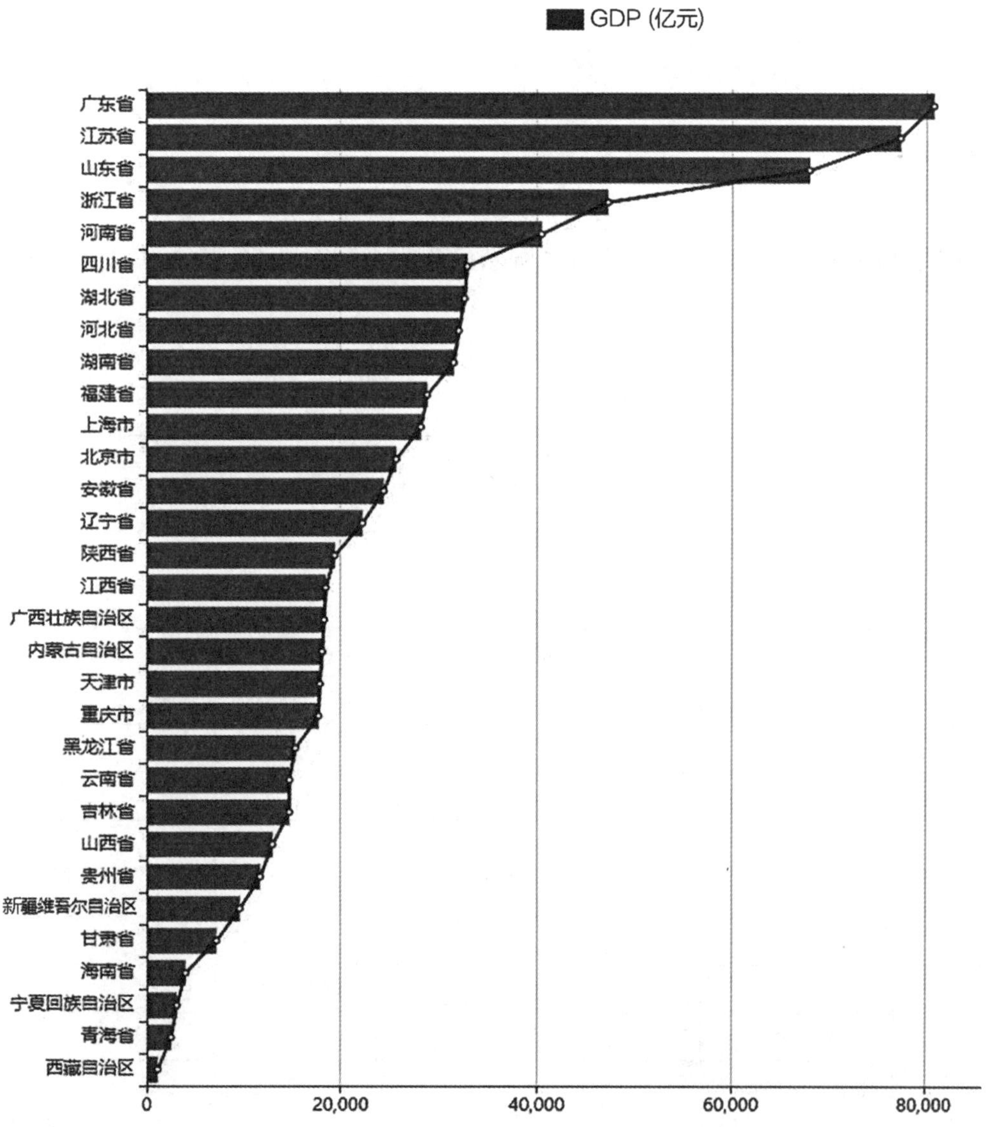

图 5-26　添加折线图后的部分省、市、自治区 GDP 排行条形图

5.5.5 工作环节五：根据图形完成分析报告

从条形图可以看出 2016 年广东省、江苏省、山东省的 GDP 位列前三，并与排名第四的浙江省和排名第五的河南省拉开了较大差距，比第六名四川省的 GDP 高出一倍多。广东省、江苏省的 GDP 几乎处于全国遥遥领先的地位。北京、上海虽然 GDP 总量只处于中上位置，但作为直辖市，它们比一个省的人口和面积少，但 GDP 总量依旧超过了很多省，可见其经济实力也很强。

5.5.6 工作环节六：保存与分享成果

通过网页保存和进行分享。

5.6 检查

完成相应的检查工作，填写如表 5-7 所示的检查单，提交最终的工作成果，准备进行评价。

表 5-7　　　　　　　　　　　　检查单

学习场					
学习情境					
学习任务			学时		
典型工作过程描述					
序号	检查项目	检查标准	学生自查		教师检查
检查评价	班级		第___组		组长签字
	教师签字		日期		
	评语：				

5.7 评价

根据评价单对每组的任务完成过程进行评价,填写如表 5-8 所示的评价单。

表 5-8　　　　　　　　　　　　评价单

学习场				
学习情境				
学习任务			学时	
典型工作过程描述				
评价项目	评价子项目	学生自评	组内评价	教师评价
	1.资讯____分;2.计划____分; 3.决策____分;4.实施____分; 5.检查____分;6.评价____分。			
	1.资讯____分;2.计划____分; 3.决策____分;4.实施____分; 5.检查____分;6.评价____分。			
	1.资讯____分;2.计划____分; 3.决策____分;4.实施____分; 5.检查____分;6.评价____分。			
	1.资讯____分;2.计划____分; 3.决策____分;4.实施____分; 5.检查____分;6.评价____分。			
	1.资讯____分;2.计划____分; 3.决策____分;4.实施____分; 5.检查____分;6.评价____分。			
评价的评价	班级		第___组	组长签字	
	教师签字		日期		
	评语:				

5.8 课后习题

1. 表 5-9 是 2016 年中国大陆地区省、直辖市、自治区的 GDP 和人口数据，可以通过这些数据计算出人均 GDP。使用 Echarts 选择合适的图表将各省、直辖市、自治区的人均 GDP 数据展示在网页上。（数据：习题 5-1 数据.xlsx，见电子资源）

表 5-9　　　　　　　　2016 年中国大陆地区省区市 GDP 和人口数据

地区	GDP/亿元	人口/万人
北京市	25 669.13	2 173
天津市	17 885.39	1 562
河北省	32 070.45	7 470
山西省	13 050.41	3 682
内蒙古自治区	18 128.1	2 520
辽宁省	22 246.9	4 378
吉林省	14 776.8	2 733
黑龙江省	15 386.09	3 799
上海市	28 178.65	2 420
江苏省	77 388.28	7 999
浙江省	47 251.36	5 590
安徽省	24 407.62	6 196
福建省	28 810.58	3 874
江西省	18 499	4 592
山东省	68 024.49	9 947
河南省	40 471.79	9 532
湖北省	32 665.38	5 885
湖南省	31 551.37	6 822
广东省	80 854.91	10 999
广西壮族自治区	18 317.64	4 838
海南省	4 053.2	917
重庆市	17 740.59	3 048
四川省	32 934.54	8 262
贵州省	11 776.73	3 555
云南省	14 788.42	4 771

(续表)

地区	GDP/亿元	人口/万人
西藏自治区	1 151.41	331
陕西省	19 399.59	3 813
甘肃省	7 200.37	2 610
青海省	2 572.49	593
宁夏回族自治区	3 168.59	675
新疆维吾尔自治区	9 649.7	2 398

参考文献

[1] 米歇尔·钱伯斯. 大数据分析方法:用分析驱动商业价值[M]. 北京:机械工业出版社, 2016.
[2] 林大贵. Hadoop + Spark 大数据巨量分析与机器学习整合开发实战[M]. 北京:清华大学出版社, 2017.
[3] 黄颖. 一本书读懂大数据[M]. 吉林:吉林出版集团有限责任公司, 2014.
[4] 谢邦昌,朱建平,刘晓葳. 大数据概论[M]. 福建:厦门大学出版社, 2016.
[5] 王国平. 精通 Tableau 商业数据分析与可视化. 北京:清华大学出版社, 2019.
[6] 刘红阁. 人人都是数据分析师:TABLEAU 应用实战. 2 版. 北京:人民邮电出版社, 2019.